U0577174

植物这道风景

ZHIWU ZHE DAO FENGJING

安若水 ◎ 编著

山西出版传媒集团　山西教育出版社

图书在版编目（CIP）数据

植物这道风景/安若水编著. —太原：山西教育出版社，
2015.6（2022.6 重印）
（科学充电站/郑军主编）
ISBN 978-7-5440-7555-8

Ⅰ.①植… Ⅱ.①安… Ⅲ.①植物-青少年读物
Ⅳ.①Q94-49

中国版本图书馆 CIP 数据核字（2014）第 309806 号

植物这道风景

责任编辑　裴　斐
复　　审　彭琼梅
终　　审　孙旭秋
装帧设计　陈　晓
印装监制　蔡　洁

出版发行　山西出版传媒集团·山西教育出版社
　　　　　（太原市水西门街馒头巷 7 号　电话：0351-4729801　邮编：030002）
印　　装　北京一鑫印务有限责任公司
开　　本　890×1240　1/32
印　　张　6
字　　数　163 千字
版　　次　2015 年 6 月第 1 版　2022 年 6 月第 3 次印刷
印　　数　6 001—9 000 册
书　　号　ISBN　978-7-5440-7555-8
定　　价　39.00 元

如发现印装质量问题，影响阅读，请与印刷厂联系调换。电话：010-61424266

目 录.

一

二

三

客厅里，那些营养丰富的水果　42

四

可做药材的植物

五

有故事的植物

七

植物之最　　　　　　　　　　122

八

环保植物　　　　　　　　　　142

九

一　风中摇曳的植物

农业是人们最基本的生活资料的主要来源，它对整个社会的稳定起着重要作用。

你有过亲近田野的欲望吗？在风中摇曳的稻麦，它们像仙子一样展示着美丽的风姿，昭示着美好。它们经历了怎样的过程才成为我们餐桌上的食品，成为一日三餐的供给？当你了解了这一过程后，你就会深深地体会到：粒粒皆辛苦！

1 水稻是种在水里的吗？

水稻是种在水里的吗？答案是肯定的。水稻是一种生长在水田里的植物。

水稻的"祖先"生长在南方的温热多雨地带，经过千万年之后，水稻对水的依靠更为突出，而且施放在水中的农药或化肥被水稀释后更易被水稻吸收。

稻叶的叶脉是平行的，中央有很明显的中脉，呈绿色，在中肋、边缘或尖端有时也会有紫色色素。幼小的稻叶，其外形和杂草相似，呈长扁形。稻叶生长得缓慢，在适宜的温度下会一点点地长大。

水稻的生产过程要经过种植、整地、育苗、插秧、施肥和灌排水这几道工序。当看到稻穗垂下，金黄饱满时，就可以进行收割了。早期，农民要用镰刀一束一束地割下，再扎起，利用打谷机使稻穗分离。而现在，科技的发展使这一过程大为简化，收割机将稻穗卷入后，直接将稻穗与稻茎分离，经过处理后，稻穗就成为一粒一粒的稻谷。

稻又可分为水稻和旱稻，但多数研究稻作的机构，都将水稻作为研究对象，研究旱稻的较少。

稻的生长非常快，最久一年，最快三到四个月就能完成发芽、开花、结实的过程。

稻米的营养丰富，含有糖类、少量蛋白质、矿物质和维生素B，它是世界上许多国家的主要粮食。我国的水稻播种面积很大，占全国粮食作物的1/4，而产量占一半以上。

稻谷去壳后成为大米，世界上近一半的人口都以大米为食。大米经过了生长、收割的过程才能成为我们的主食，所以我们一定要珍惜粮食。

金黄饱满的稻穗 △

水稻的用途很多，除了可供食用外，还可以用来酿酒、制糖，稻壳、稻秆也有很多用处。

1973年，袁隆平用九年时间选育出了第一个在生产上大面积应用的强优高产杂交水稻组合。为此，他于1981年荣获中国第一个国家特等发明奖，被国际上誉为"杂交水稻之父"。西方世界称杂交水稻是"东方魔稻"，国际上甚至把杂交水稻当作中国继四大发明之后的第五大发明，誉为"第二次绿色革命"。

2 小麦和大麦有什么不同？

"我们食用的大米和面粉是由哪种植物加工而来的？"这样的问题我小时候就问过，后来我又听到一些孩子有相同的疑问。许多孩子对生物学科的意识很模糊，加上城里的孩子没有机会到田间亲眼目睹这些植物是怎么生长的，所以对它成为我们餐桌上的食物之前，不明其果。

麦子分为大麦和小麦，我们先了解小麦。

当然，需要肯定的是小麦的果实经过加工后是面粉。

小麦是一种在世界各地广泛种植的禾本科植物，它起源于中东地区。从产量上来看，小麦是世界上总产量位居第二的粮食作物，仅次于玉米。

小麦的种植不像水稻那样，它对水的依赖没有那么强，适合在水资源较少的地方种植。

由于播种时期的不同，小麦分为春小麦和冬小麦。

中国小麦的产地主要在河南、山东和河北三大省份。每年的小麦产量都占到全国小麦总产量的50%以上。

我国的东北地区是主要的春麦区，黑龙江、吉林等地由于温度低，更适宜春麦生长。

我国的西北地区同时有春、冬麦区，主要分布在灌区和黄土高原区。

我国的西南麦区主要在四川盆地、云贵高原。四川冬暖，温度和水分适宜，但光照少，病虫害严重。高原光照强，灌溉期、成熟期温度低，利于高产。

青藏高原的冬春麦区，光照、温度、水的配合利于小麦生长、抽穗，成熟期可长达80天，但降水不足，所以一般将小麦种在水浇地上。

有些小麦品种要求土壤养分必须全面、充足，才能满足其高产栽培的需要，所以宜选择地力高、水浇条件好的地块，同时要增施有机肥，采用配方施肥技术。

△ 茁壮成长的小麦

冬小麦喜欢雪，一层层的雪落在麦田上，雪里面有空气，这些空气可以起到隔热保温的作用。植物通过根吸收水分，吸肥能力也强。

目前推广的优质小麦品种，有的不抗倒伏，特别对于群体过大的麦田，在返青至拔节前需进行一次化控处理，同时，要重施起身拔节肥，控制多余下落穗的形成，促进穗大粒多。

考古学研究表明，小麦的栽培历史已有万年以上。小麦是从西亚、中东一带西向传入欧洲和非洲，东向传入印度、阿富汗、中国。中国的小麦则由黄河中游向外传播，逐渐扩展到长江以南各地，并传入朝鲜、日本。

小麦的世界产量和种植面积居于栽培谷物的首位，以普通小麦种植最广，占全世界小麦总面积的90%以上。生产小麦最多的国家有美国、加拿大和阿根廷等。

我国的小麦有一些珍稀品种，如"中国春"在国际上就享有盛名。我国的小麦在早熟性、多花多粒性和对异常环境的高度抗耐性方面，都表现得极为突出，这些特点在育种上具有特殊的价值，在世界小麦中是非常珍贵的。

经农业科学家鉴定，我国的普通小麦有161个变种，是世界上小麦变种最多的国家之一。

3
高原粮食——大麦

　　提到大麦，有些人首先会想到"大麦茶"，有些饭店会把它作为一种免费的饮品。这种饮品不仅喝起来很爽口，而且有保健作用。

　　大麦和小麦的最基本区别是大麦粒较大，所以叫大麦。其实，大麦是古老的粮食和饲料之一。中国学者在青藏高原发现的野生大麦及其一些变种，足以表明青藏高原是世界大麦的起源中心之一，特别是青稞大麦，中国可能是其主要的发源地。

　　中国各地区都有大麦分布，在海拔四千多米的高寒地区也有栽培。它的种植面积仅次于水稻、小麦、玉米，居第四位。青稞是中国藏族人民聚居区的主要食用作物，用来制作糌粑食用，与牛奶或奶茶一起食用，适用于游牧生活，可以随身携带，便于随时随地食用。

生长中的大麦 △

　　大麦还可以用来酿酒、制糖。如今，大麦的主要用途是生产啤酒。由大麦作为原料制成的啤酒已成为世界各地人民喜欢的饮品。

　　大麦为16世纪犹太人、希腊人、罗马人和大部分欧洲人的主要粮食作物。

　　大麦的生长期至少为90天，比小麦早熟10天左右，在谷类作物中是较短的。所以在喜马拉雅山脉生长季节很短的坡地也可栽培，只是产量较低。

　　我国大麦的分布在栽培作物中最广泛，但主要产区相对集中，主要分布在长江流域、黄河流域和青藏高原。啤酒工业的发展与对大麦原料的需求相适应，所以西北和黑龙江等地啤酒大麦发展较快。

在长江流域、四川盆地以南的地区，大麦面积占全国的一半左右，是我国大麦的主要产区。该区气候温暖潮湿，降雨量大，大麦作为早稻的前作，主要用作饲料。

大麦籽粒的粗蛋白和可消化纤维均高于玉米，是家畜、家禽的好饲料。欧洲、北美的发达国家和澳大利亚，都把大麦作为牲畜的主要饲料。我国南方常用大麦喂猪，在育肥期增加饲料中的大麦比例，会使猪肉有脂肪硬度大、熔点高、瘦肉多、肉质好的特点。大麦还可以做青贮饲料，在灌浆期收割切段处理，是奶牛的好饲料。

长江流域和黄河流域的人民习惯用裸大麦做粥或掺在大米里做饭。大麦仁还是"八宝粥"中不可或缺的原料。裸大麦中 β−葡聚糖和可溶性纤维的含量高于小麦，可作为保健食品。

大麦普遍用于主食，用来做汤以补充植物蛋白质，偶尔也被磨成面粉，有和胃化食、宽中下气及利水的功用。

一般人群均可食用大麦，适宜胃气虚弱、消化不良者食用；凡肝病、食欲缺乏、伤食后胃满腹胀者、妇女回乳时乳房胀痛者宜食大麦芽。

成熟后的大麦 △

4
丰收之神——玉米

玉米的故乡在美洲，古印第安人最早栽培了玉米。

玉米对自然条件要求不高，在同样的气候条件下，它的产量总高于其他农作物，所以古印第安人把它称为"丰收之神"。

很多年前，玉米曾是我们餐桌上最主要的食物，那时生活水平不高，而因为玉米产量高、价格便宜、脂肪含量比大米高，加上玉米吃起来抗饥，所以成为当时人们购买的主要食物。今天，大家在追求食物的营养价值时，发现玉米又成了我们饭桌上的一道主食。

玉米的种植有四五千年的历史，在种植面积和产量方面，中国在世界上位居第二。

玉米是一种常见的粮食作物，主要生产于北方，有黄玉米和白玉米两种。

玉米上有须，不知道你们想没想过玉米的须有什么作用，你知道玉米的须是怎么来的吗？

玉米的须就是花丝，是玉米雄蕊的一部分。玉米是雌雄同株、自花传粉的植物，花粉是靠风来传播的，风把雄蕊的花粉传向雌蕊，使雌蕊授粉后很快发育为玉米种子，而花丝就失去了作用，成了玉米的须。

你可能还会注意到一种情况，就是在田间，总会发现玉米和大豆栽种在一起，为什么两种不同的植物要种在同一片地里呢？因为玉米长得高，喜欢阳光，根扎得不深，需要吸收上层土壤里的养料（主要是氮肥），而大豆长得矮，根扎得深，需要的磷肥和钾肥更多一些。因此，它们不会争夺阳光和养料。

玉米是三大粮食作物中最适合作为工业原料的品种，也是加工程度最高的粮食作物。除食用外，玉米也是工业酒精和烧酒的主要原料。其籽粒加工方式有多种：湿磨法是将籽粒在稀亚硫酸溶液中浸泡40～60小时；干磨法是用喷雾或蒸汽使籽粒在短期内濡湿；发酵法是先将淀粉转化为糖，再加酵母使糖转变为酒精。植株其他部分的用途也相当广泛，如：玉米秆可用于造纸和制墙板；苞叶可作填充材料和草艺编织材料；

玉米 △

玉米穗轴既可作燃料，也可用来制工业溶剂；茎叶除用作牲畜饲料外，还是生产沼气很好的原料。

在生活中，夏季是泌尿系统感染疾病的高发季节，而煮过玉米的水具有预防感染的功效。啃玉米时最好把白色的胚芽吃干净，因为玉米胚芽是玉米的精华，可以保护心脑血管，且有抗老化的效果。

另外，玉米面加大豆粉，按3：1的比例混合食用，还是世界卫生组织推荐的一种粗粮细吃、提高营养价值的方法。

相关学者认为，抓好玉米生产，就抓住了粮食持续稳定发展的关键；抓好了东北地区玉米的稳定增产，实际上就是抓住了我国玉米生产乃至粮食生产的"牛鼻子"。在我国，玉米的工业加工迅速发展，消费的玉米大幅度增加，对我国乃至世界的玉米供求平衡和流通格局都产生了重大的影响。保持玉米供求平衡，对促进我国经济健康发展有着极为重要的意义。

5
铁杆庄稼——高粱

高粱是禾本科一年生草本植物，高粱属，别称蜀黍、芦粟等。

高粱是一种耐旱的农作物，耐寒的特性源于它有一种本领，那就是对水的利用。它有"开源节流"的本事，能够在干旱季节保持自身的水分平衡。

高粱的植株长得笔直，秆很挺拔，给人一种高大、结实的感觉，被大家誉为"铁杆庄稼"。

成熟的高粱在田间很好看，饱满的果实在风的吹拂下，好像在向你点头致意一样，让你心生愉悦。

高粱原产热带，抗热本领高，在干旱季节，能转入休眠状态，不再生长，待获得水分时，可恢复生长，这和其他农作物显著不同。

高粱还有一定的抗涝能力，因为其茎秆高，且比较坚硬，水分不易渗入体内。

高粱按性状及用途可分为食用高粱、糖用高粱、帚用高粱等。中国栽培高粱的范围较广，以东北各地为最多。高粱具有广泛的适应性和较强的抗逆能力，无论平原肥地，还是干旱丘陵、瘠薄山区，均可种植。山西地区是高粱的主要产区之一。

高粱起源于非洲，公元前2 000年已传到埃及、印度，后入中国栽培。主产国有美国、阿根廷、墨西哥、苏丹、尼日利亚、印度和中国。

在中国，高粱的主要种植区为西北、东北和华北，播种面积约占全国高粱总面积的2/3，常作主食。由于种皮含单宁，带涩味，又易与蛋白质结合，难消化，所以美欧各国多用于畜牧业。

另外，中国高粱与非洲高粱杂交，子一代容易产生较强的杂种优势，说明两种高粱的遗传距离较大。

田野里的高粱 △

　　高粱是中国最早栽培的禾谷类作物之一。有关高粱的出土文物及农书史籍证明，中国古代人民在黄河流域培育出高粱品种，并大面积种植生产，最少也有5 000年的历史了。

　　高粱的种植可分为春作与秋作两种。春作播种期约在农历三月底至四月中旬，时间不宜过早，早期播种气温低，生长缓慢，遇到寒流易枯死。秋作则选在农历五月下旬至六月下旬之间播种，时间不宜太迟，以免生长后期遇低温，影响生长而延迟成熟期。

　　高粱对化学药剂很敏感，使用时一定要严格掌握用药品种、时间、浓度和方法，否则，容易造成药害。

　　新中国成立以来经历了全国高粱地方品种的普查、征集、整理和从地方品种选择到杂交育种的转变。育种目标从单一产量育种到高产前提下的品质育种，再到高产、优质与多抗的育种变化。尽管中国高粱产区辽阔，自然条件复杂，生产目的各异，比如粒用、饲用、糖用、造酒用、工艺用等，但是有了良种才使产量大幅度提高，在播种面积大幅度下降的情况下，近年的总产量仍趋于平稳。

6

素中之荤——花生

花生是一种油料植物，也是人们喜欢在茶余饭后吃的零食之一。花生的营养价值很高，就连被称为高级营养品的一些动物性食品，如鸡蛋、牛奶、肉类等，在花生面前也甘拜下风。

花生的生长有一个特点，那就是它是植物王国中独有的地上开花、地下结果的植物，所以又名落花生。

花生有滋养补益的作用，有助于延年益寿，所以民间又称它为"长生果"，并且和黄豆一样，被誉为"植物肉"和"素中之荤"。

花生是一年生草本植物，从播种到开花，只需要一个月多一点的时间，而花期却有两个多月。地上开花、地下结果是花生特有的一种遗传特性，也是对特殊环境适应的结果。

花生的果实为荚果，通常分为大、中、小三种，形状有蚕茧形、串珠形和曲棍形。果壳的颜色多为黄白色，也有黄褐色、褐色或黄色，这与花生的品种及土质有关。花生果壳内的种子通称为花生米或花生仁，由种皮、子叶和胚三部分组成。种皮的颜色为淡褐色或浅红色。

早期的花生秧苗 △

花生起源于南美洲热带、亚热带地区。约于16世纪传入中国，19世纪末有所发展。现在全国各地均有种植，主要分布于辽宁、山东、河北、河南、江苏、福建、广东、广西、贵州、四川等地区。

花生主要分布在南纬40°至北纬40°之间的广大地区，主要集中在两类地区：一类是南亚和非洲的半干旱热带，另一类是东亚和美洲的温带半湿润季风带。

北方很多地区农民的主要收入来源就是种植花生或对花生进行初步加工。花生的蛋白质除大豆外，没有一种粮食比得上它，蛋白质含量在30%以上，相当于小麦的2倍，玉米的2.5倍，大米的3倍。花生中的蛋白质极易被人体吸收，吸收率在90%左右。因此，花生被称为植物肉是当之无愧的。

花生的产热量高于肉类，比牛奶高20%，比鸡蛋高40%。其他如蛋白质、核黄素、钙、磷、铁等也都比牛奶、肉、蛋的高。花生的营养成分非常丰富而又较全面，生食、炒食、煮食均可，尤其是炒花生，香脆味美，余味深长。

花生可以用来象征长生不老。

花生作为吉祥、喜庆的象征，是传统婚礼中必不可少的"利市果"，寓意多子多孙，儿孙满堂，预示两个相爱的人永远在一起，永不分离，象征着爱情的完美，生活多姿多彩。

花生象征如意、平安、幸福。玲珑精致、妙趣横生的花生寄托着人们对生活的美好祝愿，体现出传统生活中的雅趣，也预示着果实累累，事业成功。

世界花生主产国有印度、中国、美国、印度尼西亚、塞内加尔、苏丹、尼日利亚、扎伊尔和阿根廷等。

1903年，卡尔文博士开始研究花生，最终发现花生的300多种用途，包括用作奶酪、调味剂、干辣椒酱、漂白剂和冰激凌等，他还建议农民交替种植棉花和花生，从而提高单产和土地的使用效率。因此，他被尊称为"花生之父"。

丰收后的花生 △

13

7 田中之肉——大豆

中国是大豆的故乡，素来被称为大豆王国。中国学者大多认为大豆的原产地是云贵高原一带。现种植的栽培大豆是从野生大豆通过长期定向选择、改良驯化而成的。

大豆是豆类中营养价值最高的品种，在百种天然的食品中，它名列榜首，所以被称为"豆中之王"、"田中之肉"等，是数百种天然食物中最受营养学家推崇的食物。中国大豆产量占世界第一位，出口额约占世界出口总额的80%。

大豆属双子叶植物，豆科，是一年生草本植物。大豆植株直立，有分支，高度有几厘米的，也有2米以上的。自花授粉，花白色或微带紫色。每个荚果内含1~4粒种子。大豆在各类土壤中均可栽培，但在温暖、肥沃、排水良好且富含有机质的土壤中生长旺盛。宜适期早播，条播为主。需肥较多，需氮量比同产量水平的禾谷类多4~5倍。结荚期注意适时灌溉和排涝。因大豆是自花授粉作物，有些地区仍采用纯系育种法。回交法对提高品种的抗病性效果良好。中国大豆育种以品种间杂交为主要方法，采用系谱法选育后代。

长在地里的大豆植株 △

大豆为短日照作物，品种间对短日照的敏感性差别大。需充足阳光，要求氮、磷、钾养分较多。大豆种子吸水量达到5%时才能萌芽，播种时土壤水分必须充分，田间持水量不能低于60%。

根据大豆的种皮颜色和粒形可分为：黄大豆、青大豆、黑大豆、其他大豆。黑色的叫作乌豆，不仅可以入药，而且可以充饥，还可以做成豆豉；黄色的既可以做成豆腐，也可以榨油或做成豆瓣酱；其他颜色的都可以炒熟食用。

大豆含的营养物质比较全面，且含量丰富，与等量的猪肉相比，蛋白质、钙、铁的含量均明显增多，而价格比猪肉便宜很多。大豆含有的脂肪量较多，并且为不饱和脂肪酸，尤其以亚麻酸含量最丰富，这对于预防动脉硬化有很大作用。此外，大豆中还含有约1.5%的磷脂。磷脂是构成细胞的基本成分，对维持人的神经、肝脏、骨骼及皮肤的健康均有重要作用。

豆油可以加工成人造黄油、人造奶酪，还可制成油漆、黏合剂、化肥、上浆剂、油毡、杀虫剂、灭火剂的成分。豆粉则是代替肉类的高蛋白食物，可制成多种食品，包括婴儿食品。大豆含有的植物型雌性激素能有效地抑制人体内雌性激素的产生，而雌性激素过高乃是引发乳腺癌的主要原因之一。因为大豆用途多样，营养价值高，栽培广泛，便于出口，所以在缓和世界性饥饿问题上起了重要作用。

20世纪80年代初，美国成为大豆生产大国，巴西和中国次之。现代工艺技术使大豆的用途更加多样化。中国大豆的集中产区在东北平原、黄淮平原、长江三角洲和江汉平原。

在中国，东北、华北、陕、川及长江下游地区均有出产，以长江流域及西南栽培较多，以东北大豆质量最优。世界各国栽培的大豆都是直接或间接由中国传播出去的。

成熟后的大豆 △

8

衣服之源——棉花

　　天空中的白云，一朵朵地挂在天空中。相信大家小时候都喜欢看天空，可是，你知道吗，如果说白云是天空的衣服，同样，棉花可是我们货真价实的美丽衣服的来源。

　　我们穿在身上的花衣服，好多就是用一朵朵像白云一样的棉花织成布，才变为成品，穿在我们身上的。

　　棉花是锦葵科、棉属植物的种子纤维，是一种很重要的农作物，原产于亚热带。它的故乡是印度，在我国种植棉花的历史有两千多年了。

　　棉可以长到 6 米高，一般为 1～2 米。棉的花刚开始是白色的，慢慢开始变黄，再变红，颜色也越来越暗，最后变成褐色。凋谢后留下绿色小型的蒴果，称为棉铃。

　　棉花产量最高的国家有中国、美国、印度、巴基斯坦、埃及等国。中国的产棉区主要有江苏、河北、河南、山东、湖北、新疆等地。

　　棉的生长需要一定的热量、水分、日照和土壤。新疆棉花多为早中熟、早熟及特早熟品种，对光照长度反应不敏感。棉花是喜光作物，适宜在较充足的光照条件下生长。棉花生长需要从土壤中吸收水分。根据有关研究，棉田在整个生育期约有 2/3 的水分用于蒸腾作用，1/3 消耗于土地蒸发。同时，棉花的生长需要土壤的机械支撑。土壤水分、养分、温度、空气、盐碱含量、质地等均对棉花生长有很大的影响。

　　在棉花传入中国之前，中国只有可供充填枕褥的木棉，没有可以织布的棉花。宋朝以前，中国只有带丝旁的"绵"字，没有带木旁的"棉"字。"棉"字是从《宋书》起才开始出现的。可见棉花的传入，至迟在南北朝时期，但是多在边疆种植。中国五大商品棉基地分别是江淮平原，江汉平原，南疆棉区，冀中南、鲁西北、豫北平原，长江下游滨海沿江平原。

中国、美国、印度、乌兹别克斯坦、埃及等地均产棉，其中中国的单产量最大，乌兹别克斯坦因其棉花的稳产、高产和品质优良闻名世界，有"白金之国"的美誉。

棉花种植最早出现在公元前5 000年至公元前4 000年的印度河流域文明中，在共同时代之前，棉纺织品的使用传到了地中海地区。公元1世纪，阿拉伯商人将精美的细棉布带到了意大利和西班牙。大约在9世纪，摩尔人将棉花种植方法传到了西班牙。15世纪，棉花传入英国，然后传入英国在北美的殖民地。

中世纪棉花是欧洲北部重要的进口物资，那里的人自古以来习惯从羊身上获取羊毛，所以当听说棉花是种植出来的，还以为棉花来自一种特别的羊，这种羊是从树上长出来的，所以德语里面的棉花一词的直译是"树羊毛"。

在中国，棉花在花园里被作为"花"来观赏。棉花的生产、流通和加工等都与国民经济的发展有关，国家对棉花生产也很重视。

棉花晚期 △

9

中国草——苎麻

苎麻是重要的纺织纤维作物，也称白叶苎麻。它的特点有单纤维长、强度最大，吸湿和散湿快，热传导性能好，脱胶后洁白有丝光，可以纯纺，也可和棉、丝、毛、化纤等混纺。苎麻是我国的国宝，我国的苎麻产量约占世界苎麻产量的90%以上，所以在国际上称之为"中国草"。

苎麻属半灌木，高1～2米，茎、花序和叶柄密生短或长柔毛。苎麻的宿根年限为10～30年，多至百年以上。生育期头麻80～90天，二麻50～60天，三麻70～80天，全年生育期为230天左右。苎麻为短日照植物，昼夜长短不仅影响苎麻开花的迟早，也影响雌、雄花的比例。在中国，苎麻一般都种在山区平地、缓坡地、丘陵地或平原冲击土上。

苎麻原产热带、亚热带，为喜温作物。苎麻是中国古代重要的纤维作物之一。它原产于中国西南地区，中国是苎麻品种变异类型和苎麻属野生种较多的国家，中国苎麻栽培历史最悠久，距今已有4 700年以上的历史。

考古证明，秦汉以前，苎麻已进入我国北方。我国苎麻的主要产地分布在北纬19°至39°之间，南起海南省，北至陕西省，均有种植苎麻的历史，一般划分为长江流域麻区和黄河流域麻区，其中长江流域麻区是我国的主要产麻区，其栽培面积及产量占全国总栽培面积总产量的90%以上。

苎麻是多年生宿根性作物，栽麻一次，可多年收益。有些麻区有盛产一二百年不衰的麻园。苎麻一年内的收获次数，主要决定于不同地区的气候条件，其次与栽培措施也有关系。

苎麻有许多用途，苎麻纤维不容易受真菌侵蚀和虫蛀，而且轻盈，同容积的棉布与苎麻布相比较，苎麻布的重量轻20%。

苎麻叶的蛋白质、维生素含量高，营养丰富，可食用。在江西鹰潭一带有7月用苎麻叶和米粉一起做包子的习俗。此外，晒干后的苎麻叶是良好的牲畜饲料。

麻骨可作造纸原料，或制造可做家具和板壁等多种用途的纤维板。麻骨还可酿酒、制糖。麻壳可脱胶提取纤维，供纺织、造纸或修船填料之用。鲜麻皮上刮下的麻壳，可提取糠醛，而糠醛是化学工业中的精炼溶剂。

苎麻根可药用，有止血、散淤、解毒、安胎的作用。

夏布是以苎麻为原料编织而成的麻布。全手工夏布牢实，挺括滑爽，透气排汗，吸湿性好，传热能力强，穿着舒适、凉爽；而且它还具有着色力强、不易变形，不易褪色、易洗快干的优点，曾有人用"轻如蝉翼，薄如宣纸，平如水镜，细如罗绢"来评价它，夏布被历代列为贡布，是皇室和达官贵族喜爱的珍品。

苎麻初期　△

10
开花节节高的植物——芝麻

"芝麻开花节节高"，这是我们常常说的一句话，这句话从根本上说明了芝麻的生长特性。

芝麻，原称胡麻，从颜色上分为黑芝麻和白芝麻两种。

芝麻可能源于非洲或印度，相传是西汉张骞通西域时引进中国的，但现经科学考证，它原产于中国云贵高原。在浙江省湖州市新石器时代钱山漾遗址和杭州水田畈史前遗址中，发现有古芝麻的种子，因此证实了中国是芝麻的故乡。

芝麻花中有蜜腺，它与油菜、荞麦并称为中国三大蜜源作物，品质以芝麻蜜为上乘。

芝麻是一种极其古老的油料作物，我国种植芝麻的历史有两千多年了。芝麻粒含油率约为55%，占食用油料之首。

由于芝麻茎秆直立，遮阴面积少，所以芝麻常与矮秆作物（例如甘薯、花生、大豆）混作或间作。一般在甘薯地隔1~2行沟内间作一行芝麻或每隔2~4行花生间作一行芝麻。芝麻比较耐旱，而豆类比较耐湿，芝麻与豆类混作有利于预防旱涝。

芝麻宜在气温高、蒸发量大的季节播种，精细整地、保持土壤水分是全苗的关键。在土壤水分多的情况下可在犁地后纵横精细耙地，播种后耙地盖种；在土壤水分少的情况下，耙地后立即播种、耙地盖种，并镇压保墒。芝麻怕渍，而生育期处于雨水较多的时期，因此在单种芝麻时要做畦2~3米宽，平开好畦沟、腰沟及围沟，以便及时排灌。

施肥时要注意氮、磷、钾和微量元素的配合，有机肥和无机肥相结合，做到底肥、种肥、追肥三肥配套，科学施肥，实现芝麻早发、稳长、不早衰的目的。

芝麻属胡麻科，是胡麻的种子。虽然它的近亲在非洲出现，但芝麻品种的自然起源仍然是未知的，它遍布世界上的热带地区。

　　芝麻是中国四大食用油料作物的佼佼者，芝麻产品具有较高的应用价值。中国自古就有许多用芝麻和芝麻油制作的名特食品和美味佳肴，且一直著称于世。食用时，白芝麻为好，用于制作补益药时，以黑芝麻为佳。

　　吃芝麻还有学问，吃整粒芝麻的方式不是很科学，因为芝麻仁外面有一层稍硬的膜，只有把它碾碎，其中的营养物质才能被吸收。所以，将整粒的芝麻炒熟后，最好用食品加工机搅碎或用小石磨碾碎了再吃。

　　日常生活中，人们经常食用的芝麻制品有芝麻酱和香油。小磨制成的芝麻油，香气扑鼻，在国际市场上畅销不衰。另外，与之齐名的芝麻酱也供不应求。芝麻中含有丰富的不饱和脂肪酸，有利于胎儿大脑的发育。常吃芝麻，可使皮肤保持柔嫩、细致和光滑。有习惯性便秘的人，肠内存留的毒素会伤害人的肝脏，也会造成皮肤粗糙，而芝麻能滑肠，治疗便秘。

　　随着生活水平的提高，健康意识的增强，人们对芝麻及其制品的消费量呈增长趋势，而近几年，中国的芝麻产量大幅下降，由于供需缺口不断扩大，芝麻进口量逐年增加，年均增长率超过10%。

芝麻成熟期　△

二　餐桌上的植物

　　植物分为好多种，除了在田野里生长的植物，你对每天出现在我们餐桌上的植物——蔬菜的了解有多少呢？蔬菜是我们每天三餐必需的食物，它们对我们的身体有什么作用？了解蔬菜的食疗作用，会对我们的生活有更多的帮助，更有利于我们的身心健康。

1 降血压的蔬菜——芹菜

　　芹菜是经常出现在我们餐桌上的蔬菜之一，它原产于地中海沿岸，有强烈的香味，因此被称为"香料蔬菜"。我国栽培芹菜的历史有两千多年了。

　　从种植的方式看，芹菜分为旱芹和水芹两种。

　　在北方，现在常吃的是旱芹，因为水芹只有在南方可以吃到。古往今来，人们对芹菜十分喜爱。唐代宰相魏征对饮食相当讲究，他嗜芹菜如命，几乎每日都用糖醋拌芹菜食用。

　　旱芹香气较浓，又名"香芹"。芹菜的特点是株肥、脆嫩、渣少。

　　芹菜宜生长于冷凉、湿润的环境，属半耐寒性蔬菜，不耐高温。芹菜的种子小，幼芽顶土力弱，出苗缓慢。芹菜幼苗生长时非常缓慢，加上苗期长，很容易受杂草危害，在育苗中要加强管理。

　　芹菜属一年或二年生草本植物，高50～80厘米，粗茎如指，根毛丝丝缕缕的。

秋季适宜芹菜生长的气候最长，所以产量、质量、栽培面积也最大。芹菜还能在多种保护地内栽培，实现常年供应。

除了供我们平时食用外，芹菜还有药用价值。芹菜性凉，味甘辛，无毒，入肝、胆、心包经，有清热除烦、平肝、利水消肿、凉血止血的功效。另外，芹菜还能治疗高血压、头痛、头晕、暴热烦渴、黄疸、水肿、小便热涩不利、妇女月经不调等病症。

芹菜性凉质滑，所以脾胃虚寒、肠滑不固者要慎用。

我们平常吃芹菜时，常常会去叶，只留茎，但营养专家指出，叶的营养价值比茎的要高出很多倍，扔掉菜叶实在可惜。相关学者曾对芹菜的茎和叶片进行了13项营养成分的测试，发现叶片的营养成分中，有10项指标超过了茎，如叶片中胡萝卜素的含量是茎的88倍，所以芹菜叶入菜的营养价值胜过芹菜茎。此外，经有关研究实验发现，芹菜叶对癌症有一定的抑制作用。

芹菜含有蛋白质、多种维生素和矿物质及人体不可缺少的膳食纤维，其营养丰富。

芹菜的蛋白质含量比一般的瓜果蔬菜高1倍，铁的含量是番茄的20倍左右，所以多吃芹菜可以增强人体的抗病能力。

芹菜中含有一种能使脂肪加速分解的化学物质，因此是减肥的最佳食品。因芹菜中含有大量纤维素，所以有研究表明，经常食用芹菜可预防大肠癌。

由于重视芹菜的产量，菜农会根据季节不同的特点，建设暖棚、大棚、拱棚、地膜和常规等"五季"芹菜种植模式，分别在春节期间、二月初、阳春三月、五月左右和常规时间上市，使芹菜成为"多季芹菜"，所以我们在任何一个季节里都能吃到芹菜。

芹菜 △

2 百菜不如白菜

　　秋收后的白菜，抱在手里，像一个娃娃，所以在白菜的分类里，除了我们常见的白菜外，还有一种叫娃娃菜。乍一看娃娃菜会认为是年幼的大白菜，其实不然。

　　娃娃菜的营养价值和大白菜的完全相同。娃娃菜是韩国主要进口我国蔬菜的品种。近几年，娃娃菜作为一种精细菜，它的行情一路看涨。这种只有大白菜1/4大小的、长得很像缩小版大白菜的娃娃菜，价格却高很多。

　　白菜有大白菜和小白菜之分，其中娃娃菜是近年来才有的一种蔬菜品种。白菜为我国原产和特产蔬菜，是人们经常食用的重要蔬菜之一。白菜在我国的栽培历史很长，新石器时期的西安半坡村遗址就有出土的白菜籽。

　　白菜柔嫩的叶球、莲座叶或花茎可供食用，可炒食、做汤、腌渍，与小白菜一起成为我国居民餐桌上必不可少的一道美蔬。在我国北方的冬季，大白菜更是餐桌上的常客，故有"冬日白菜美如笋"之说。大白菜具有较高的营养价值，故也有"百菜不如白菜"的说法。

　　白菜的种类很多，北方的大白菜有山东胶州大白菜、北京青白、天津青麻叶大白菜、东北大矮白菜、山西阳城的大毛边等。

　　在大白菜的栽培方面，特别提倡粮菜轮作、水旱轮作。在常年菜地上栽培则应避免与十字花科蔬菜连作，可选择前茬是早豆角、早辣椒、早黄瓜、早番茄的地栽培。

　　大白菜一般采用直播，也可育苗移栽。直播以条播为主，点播为辅。在前茬地一时还空不出来时，为了不影响栽培季节，也可采用育苗移栽。不管使用哪种方式，土壤一定要整细整平。为了提高成活率，最好采用小苗带土移栽，栽后浇上定根水。

　　根据形态特征、生物学特性及栽培特点，白菜可分为秋冬白菜、春白菜和夏白菜，各包括不同类型品种。

　　我国北方有储存大白菜的习惯，所以中国的老百姓对白菜有特殊的感情。在经济困难时期，大白菜是他们整个冬季唯一可吃的蔬菜，一户人家往往需要储存数百斤白菜以应付过冬，因此白菜在中国演变出了炖、炒、腌、拌各种方法。

　　冬季在最低气温为−5 ℃左右时，完全可以将大白菜放在室外堆储，外部的叶子干燥后可以为内部保温。如果温度再低，则需要窖藏。在寒冷的北方，还有另外几种储存白菜的方法，如在朝鲜北方和中国东北东部腌制朝鲜冬菜，在中国东北西部、内蒙古东部和河北北部寒冷地区习惯用腌制酸菜的方法储存白菜。

　　白菜中含有丰富的维生素，而且能去油脂，还有独特的清热解毒作用。你可能不知道，它还可以做面膜用呢！大白菜面膜的制作方法很简单：把整片的新鲜大白菜叶取下，洗净，在干净的菜板上摊平，用擀面杖轻轻碾压10分钟左右，直到叶片呈网糊状。将网糊状的菜叶贴在脸上，每10分钟更换一张菜叶，连换三张为一次。

收割后的白菜　△

　　白菜的原产地为地中海沿岸和中国。在中国，长江以南为白菜的主要产区，种植面积占秋、冬、春菜播种面积的40%～60%，其栽培面积和消费量在中国居各类蔬菜之首。

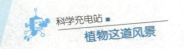

3
菜中之王——菠菜

菠菜原产波斯，也就是现在的伊朗一带，于647年传入中国。

菠菜又称菠薐、波斯草，为苋科植物，属一年生或二年生草本、长日照植物，耐寒性强。菠菜的主根发达，肉质根呈红色，味甜，可食用。菠菜的叶片及嫩茎供食用，含有维生素A、维生素B、维生素C、维生素D、胡萝卜素、蛋白质、铁、磷、草酸等。菠菜含铁较多，但与其他蔬菜差距不大。

菠菜中的各种营养含量均衡，具有良好的食用价值，特别适合儿童和老人、病人食用，没有任何蔬菜能代替它，所以古代的阿拉伯人把菠菜赞为"菜中之王"。菠菜中的维生素C和叶酸含量丰富，可以增强产妇对铁元素的吸收，是缺铁性贫血患者的理想食物。另外，菠菜中的膳食纤维能起到很好的通便作用，对治疗便秘有一定的效果。

成长中的菠菜 △

△ 成熟后的菠菜

一般人群均可食用菠菜，熟菠菜软滑易消化，除了适合老、幼、病、弱者食用，还适合电脑工作者、爱美人士。糖尿病病人（尤其是Ⅱ型糖尿病病人）经常吃菠菜有利于保持血糖稳定，同时菠菜还适宜高血压、坏血病、皮肤粗糙、易过敏人群食用。此外，菠菜还能起到清除血液中毒素的作用。

菠菜富含铁元素，是绿叶蔬菜中的"补品"，也许你会认为菠菜的热量很高，事实上菠菜的热量比苹果还要低，并且富含大量矿物质和微量元素。

菠菜还有一些禁忌，需要大家注意：

菠菜不宜与黄瓜同食。因为黄瓜中含有维生素C分解酶，而菠菜中含有丰富的维生素C，所以二者不宜同食。

菠菜不宜与牛奶、豆腐同食。因为菠菜中含有大量草酸，牛奶、豆腐中的钙离子一旦与之结合，不但会引起结石，还会影响钙的吸收。如果一定要食用的话，可以预先用开水将菠菜烫一下。

菠菜不宜炒猪肝。猪肝中含有丰富的铜、铁等金属元素，一旦与含维生素C较高的菠菜结合，金属离子会使维生素C氧化而失去本身的营养价值。动物肝脏、蛋黄、大豆中均含有丰富的铁质，故不宜与含草酸多的苋菜、菠菜同吃。

我们常吃的菠菜比较小，有时连根一起凉拌，嫩红的根和碧绿的叶子搭配在一起，非常漂亮。菠菜一年四季都可以收获，但以春季为佳。通常春天的菠菜比较嫩小，适合凉拌，而秋天的粗大，比较适合熟食。现在有很多菠菜是在温室中培养的，所以一年到头都是一样的。

4
蔬菜中的水果——番茄

　　番茄的别名叫西红柿、洋柿子，古名六月柿、喜报三元，是蔬菜中的水果。它原产于南美的秘鲁和墨西哥，后来传向全世界的各个地区。

　　番茄的果实营养丰富，具特殊风味。可以生食、煮食、加工制成番茄酱、汁或整果罐藏。

　　番茄是蔬菜中的水果，就是因为它既能生吃，也能做成菜吃。夏天用白糖拌一下西红柿，便是一道可口的凉菜。

　　番茄的种植很容易，产量也高，当年种，当年收。

　　番茄是全世界栽培最为普遍的蔬菜之一，美国、意大利和中国为主要生产国。中国各地普遍种植，其栽培面积仍在继续扩大。

　　番茄一般以果形周正、无裂口、无虫咬，成熟适度，酸甜适口，肉肥厚，心室小者为宜。

　　据营养学家研究测定：每人每天食用50～100克新鲜番茄，即可满足人体对几种维生素和矿物质的需要。

　　当前，番茄作为一种蔬菜，已被科学家证明含有多种维生素和营养成分，如番茄含有丰富的维生素C、维生素A、叶酸、钾等营养元素。特别是它所含的番茄红素，对人体的健康更有益处。

　　科学调查发现，长期经常食用番茄及番茄制品的人，受辐射损伤较轻，由辐射所引起的死亡率也较低。实验证明，辐射后的皮肤中，番茄红素含量减少31%～46%，其他成分含量几乎不变。番茄红素通过猝灭侵入人体的自由基，在肌肤表层形成一道天然屏障，能有效阻止外界紫外线等辐射对肌肤的伤害，并可促进血液中胶原蛋白和弹性蛋白的结合，使肌肤充满弹性，娇媚动人。特别值得一提的是，番茄红素还有祛斑、祛色素的功效。

番茄 △

在世界卫生组织推荐的抗癌或保健食品中，番茄总是位居前列。日本的一项研究表明，在随机选择的居民血浆中，分析维生素A、维生素C、维生素E、β-胡萝卜素和番茄红素的水平，只有番茄红素与胃癌呈显著负相关。以上研究说明番茄红素和番茄制品能显著降低胃癌的发病率。

番茄瘦身餐是健康减肥的好帮手，因其含有丰富的胡萝卜素、维生素B和维生素C，尤其是维生素P的含量居蔬菜之首。

关于番茄还有一个传说。番茄原先是一种生长在秘鲁和墨西哥森林里的野生浆果，当地人把它当作有毒的果子，称之为"狼桃"，虽然它成熟时鲜红欲滴，红果配绿叶，十分美丽诱人，但只用来观赏，无人敢吃。当地传说"狼桃"有毒，吃了"狼桃"就会起疙瘩长瘤子。

到了17世纪，有一位法国画家吃了一个鲜红的番茄，他满面春风地把"番茄无毒可以吃"的消息告诉了朋友们。不久，番茄无毒的新闻震动了西方，并迅速传遍了世界。

从那以后，上亿人安心享受了这位"敢为天下先"的勇士冒死而带来的口福。到了18世纪，意大利厨师用西红柿做成佳肴，色艳、味美，客人赞不绝口，番茄终于登上了餐桌。从此，番茄博得众人之爱，被誉为红色果、金苹果、红宝石、爱情果。

5
常用于调味的辣椒

"辣椒"是植物的果实，别名有红海椒、大椒、辣虎、广椒、川椒。

辣椒是双子叶植物，属茄目，为一年或多年生草本植物，原产于南美洲热带地区，明末传入中国湘楚之地。辣椒中维生素C的含量在蔬菜中居第一位。

15世纪末，哥伦布发现美洲之后把辣椒带回欧洲，并由此传播到世界其他地方。许多地区的人们喜欢吃辣椒，湖南一些地区的人在嘉庆年间食用辣椒还不多，但道光以后，食用辣椒便较普遍了。清代末年，湖南、湖北人食辣已经成性，连汤里都要放辣椒了。

相较之下，四川地区食用辣椒最早可能是在嘉庆末期，当时种植和食用辣椒的主要区域是成都平原、川南、川西南，以及川、鄂、陕交界的大巴山区。同治以后，四川人食用辣椒才普遍起来。

辣椒对水分的要求很严格，它既不耐旱也不耐涝，适于生长在比较干爽的环境条件下。辣椒被水淹数小时就会萎蔫死亡，所以要选择平整的地块种植，浇水或排水的条件要方便。辣椒在中性和微酸性土壤中都可以生长，但其根系对氧气要求严格，宜在土层深厚肥沃，富含有机质和透气性良好的沙性土壤或两性土壤中种植。辣椒的生殖和发育要求充足的含氮、磷、钾的无机盐，在苗期施放含氮和钾的无机盐不宜过多，以免枝叶生长过旺，延迟花芽分化和结果。

辣椒中不仅含丰富的维生素C、维生素E，而且含有只有辣椒才有的辣椒素，在红色、黄色的辣椒中，还有一种辣椒红素，辣椒素存在于辣椒果肉里，而辣椒红素则存在于辣椒皮中，辣椒红素的作用与胡萝卜素的作用类似，有很好的抗氧化性，因此喜欢吃剥皮辣椒的人可能就吃不到辣椒红素了。

青辣椒 △

　　人们吃辣椒时，只要不将口腔辣伤，味觉反而会更敏感。此外，在食用辣椒时，口腔内的唾液、胃液分泌增多，胃肠蠕动会加速。所以，有些人在吃饭不香、饭量减少时，就会产生吃辣椒的念头。事实上，不管吃辣成瘾与否，适量吃辣椒对人体有一定的食疗作用。

　　你或许想不到，辣椒还是女性的补品，因为辣椒除了有杀菌作用外，其中含有的辣椒素还可以促进激素分泌，从而加速新陈代谢，达到燃烧体内脂肪的效果，起到减肥作用。辣椒成分天然可靠，在某些以辣食为主的地区，当地女性少有暗疮问题。

　　辣椒具有温中散热、开胃消食的功能，它既可作为调味品使用，又可作为菜肴食用，但不宜多食。如果长期大量食用辣椒，则会引起中毒症状。

　　2012年2月，美国新墨西哥州大学的一项研究发现，如同高尔夫球大小的"特立尼达莫鲁加蝎子"辣椒的平均辣度超过120万单位，有些果实甚至达到200万单位，为全世界最辣的辣椒。

6
能美容的植物——黄瓜

黄瓜，也称胡瓜、青瓜，属葫芦科植物。它广泛地分布于中国各地，并且为主要的温室产品之一。

黄瓜是怎么来的呢？据说黄瓜是西汉时期由出使西域的张骞带回中原的，当时称为胡瓜，南北朝时后赵皇帝石勒忌讳"胡"字，汉臣襄国郡守樊坦将其改为"黄瓜"。

黄瓜中含有一种维生素C分解酶，在日常生活中，生吃黄瓜的情况比较多，这时黄瓜中的维生素C分解酶有一定的活性，如果与维生素C含量丰富的食物，如辣椒等同食，其中的维生素C分解酶就会破坏其他食物的维生素C，虽然对人体没有危害，但会降低人体对维生素C的吸收。

黄瓜清脆爽口，是不少人开胃的首选。但是，绝大部分人都是以生食为主，蘸黄豆酱、拌沙拉。但是，有关专家建议大家，黄瓜加热后食用更有利于健康。

黄瓜属凉性食物，水分含量多达96%，能祛除体内余热，具有祛热解毒的作用。传统中医认为，凉性食品不利于血液的流通，会阻碍新陈代谢，从而引发各种疾病。因此，即使在炎热的夏季，专家仍旧建议大家食用加热后的黄瓜，这样做可以改变黄瓜的凉性性质，避免给身体带来不利的影响。

黄瓜的祖先是野生的，野生黄瓜含有葡萄苷，这是一种很苦的物质，所以有的黄瓜会苦。当然如果知道苦黄瓜的出现原因，我们就可以采取措施加以预防，把有苦味的黄瓜品种淘汰。

熟吃黄瓜最好的方法是直接将黄瓜煮食，虽然在口味上略逊于炒制的，但营养价值可以得到很好的保留，而且能缓解夏季水肿现象。吃煮黄瓜最合适的时间是在晚饭前，一定注意要在吃其他饭菜前食用。因为煮黄瓜具有很强的排毒作用，如果最先进入体内，就能把后来吸收的食物脂肪、盐等一同排出体外。

不要把"黄瓜头儿"全部丢掉。苦味素对于消化道炎症具有独特的功效，可刺激消化液的分泌，产生大量消化酶，使人的胃口大开。苦味素不仅具有健胃、增加肠胃动力、清肝利胆和安神的功能，而且可以防止流感。

中医理论认为豆腐性寒，加之含碳水化合物极少，在植物性食物中蛋白质含量最高，所以很容易被人体消化吸收，是肠胃消化机能降低者的理想食物。如搭配性味甘寒的黄瓜，会有清热利尿、解表、解毒、消炎、养肺行津、润燥平胃及清热散血等功效。

秧苗上的黄瓜　△

黄瓜的种类很多，在世界上多达百余种，其中世界上最好的黄瓜品种是"黑龙江黄瓜"。黑龙江黄瓜带的黄瓜分为旱黄瓜和水黄瓜两种，平时我们经常吃的是水黄瓜，细细地品尝这两种黄瓜会吃到润甜的味道，因为只有在世界上稀有的黑土地上种植的蔬菜才是最好的。

还有，你知道世界上最大的黄瓜在哪里吗？它能长到多大？在德国的罗特根斯坦，人们发现一根黄瓜长150多米，重7.5千克，如果你看到它一定会吓一跳，还会发愁怎么弄回家。

你知道了吧？小小的黄瓜竟有这么多的学问呢。

7
有辣味的植物——萝卜

　　萝卜，根茎类蔬菜，又名莱菔、水萝卜，根肉质，长圆形、球形或圆锥形。

　　萝卜的营养比较丰富，它的秧苗和种子在预防和治疗流行性脑炎、煤气中毒、暑热、痢疾、腹泻、热咳带血等方面，有较好的药效。

　　萝卜为什么有辣味呢？是因为一种叫作芥子油的化学物质在发挥作用，这种物质很辣，它平常隐藏在萝卜皮和萝卜肉的细胞里，生吃时就会品尝到。芥子油遇到高温就会挥发，所以煮熟后的萝卜不会有辣味。

　　萝卜是我国一种重要的大路蔬菜，全国各地均有种植。可四季栽培，周年供应，产销量也很大。由于人民生活水平的提高，消费习惯的改变，科学技术的发达，反季节栽培也有所发展，利用高山气候的差异，日光温室和塑料大、中、小棚配套栽培，实现了萝卜超时令上市，很受广大消费者欢迎。

　　萝卜原产我国，各地均有栽培，品种极多，常见有红萝卜、青萝卜、白萝卜、水萝卜和心里美等。根供食用，为我国主要蔬菜之一，种子含油量为42%，可用于制肥皂或润滑油。种子、鲜根、叶均可入药。萝卜是二年生蔬菜，在冬季低温条件下通过春化阶段，次年春季在长日照条件下通过光照阶段，植株通过阶段发育后花芽分化、抽薹、现蕾、开花结实，完成其生活周期。一般需要20~30天，花期的变化极大，一般为30天左右，长的达40天，到种子成熟，

成熟的白萝卜　△

34

还需要30天左右。为了留好种子，这个时期需要供给充足的水肥，当种子接近成熟期时需要干燥，以利种子成熟。

依照萝卜的栽培季节，秋萝卜一般7月中下旬播种，9月中旬收获。生萝卜含淀粉酶，能助消化，有下气消积的功能。其本身所具有的辣味可以刺激胃液的分泌，并且有很好的消炎作用。白萝卜性寒，我们在冬天吃涮羊肉时，可以用白萝卜去膻味，以及中和羊肉的温热，另外，还可以起到预防消化不良的作用。

青萝卜中含有丰富的膳食纤维及维生素C，有很好的清热舒肝的功效。此外，还有化痰、健脾、缓解口干等功效。

青萝卜与水萝卜更适合做凉拌菜，清脆爽口。

选用萝卜品种要本着早熟、耐寒、高产、优质的原则进行。由于红萝卜市场需求量小，所以夏秋栽培时以白萝卜为主。

水萝卜 △

8 小人参——胡萝卜

　　胡萝卜在我国民间有"小人参"之美称，也有"萝卜上市，医生没事"、"萝卜进城，医生关门"、"冬吃萝卜夏吃姜，不要医生开药方"等说法。这样说来，萝卜更像一服药。

　　萝卜是一种栽培历史悠久的蔬菜，由元朝传入我国。胡萝卜原产地中海沿岸，我国栽培甚为普遍，以山东、河南、浙江、云南等省种植最多，品质亦佳，秋冬季节上市。

　　胡萝卜在西方被视为菜中上品，荷兰人更把它列为"国菜"之一。它所含的营养成分很齐全，特别是胡萝卜素的含量，在蔬菜类中名列前茅。胡萝卜素能消化分解成人体所需要的维生素A，这种极好的抗氧化剂，可以促进身体发育，维持人的正常视力。

　　胡萝卜是一种带根皮的蔬菜，生长在土壤里，根部含有大量的无机盐和营养成分，这些物质可强壮身体，御寒耐冷。

　　研究发现，胡萝卜中含有丰富的叶酸，为一种B族维生素，具有抗病作用。此外，它还含有木质素，有间接杀灭癌细胞的功能。如能每天摄入定量的胡萝卜，有防病抗癌的作用，亦有可阻止癌细胞增生、转移的作用。

　　胡萝卜中含有丰富的胡萝卜素及各种人体所必需的氨基酸、矿物质等。生吃可以起到养血的功效，熟吃可以起到补肾的功效，对有心脑血管疾病的患者也是十分有益的。胡萝卜素不溶于水，高温对它的影响也很小，即使经过炒、煮、晒等不同的烹饪方式，

胡萝卜 △

也只有少部分的胡萝卜素被破坏，相对其他煮熟的蔬菜，胡萝卜的营养价值还是很高的。食用胡萝卜时，最好用油炒，这样胡萝卜中的脂溶性维生素才容易被吸收。

农田里的胡萝卜 △

萝卜的营养价值自古以来就被广泛肯定，所含的多种营养成分能增强人体的免疫力。萝卜含有能诱导人体自身产生干扰素的多种微量元素，对防癌、抗癌有重要意义。萝卜中的芥子油和膳食纤维可促进胃肠蠕动，有助于体内废物的排出。常吃萝卜可降低血脂、软化血管、稳定血压，预防冠心病、动脉硬化、胆结石等疾病。

由于胡萝卜有这样或那样的营养，所以一般人群均可食用。

胡萝卜对生长环境的要求特别苛刻，温度过高或过低，土壤过干或过湿，都会影响胡萝卜素的含量。

胡萝卜在生长中需肥量大，除施基肥外，还需看苗施追肥，在直根生长前期，追施一次速效性氮肥，配合叶面喷施1～2次生物肥，促进同化叶和吸收根生长，在肉质根开始膨大期，即"破肚"以后，应重施追肥，可结合浇水施入腐熟人粪尿，并增施磷、钾肥，促使营养物质的转移和积累。

胡萝卜在不同的生长阶段对水分的要求也不同。播种时要供应充足的水分才能发芽迅速，出苗整齐；幼苗至"破肚"前一段时间要少浇，以利直根深扎入土层；叶旺盛生长期，要适量地浇水，以保证叶片的生长。到肉质根生长盛期，要保证土壤湿润，防止忽干忽湿。

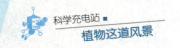

9
天然抗生素——大蒜

大蒜属百合科、葱属，以鳞茎入药。春、夏采收，扎成一把，悬挂于通风处阴干备用。人们食用大蒜已有数千年的历史。

大蒜的原产地在西亚和中亚，自汉代张骞出使西域，把大蒜带回国安家落户，至今已有两千多年的历史。大蒜是人类日常生活中不可缺少的调料，在烹调鱼、肉、禽类和蔬菜时有去腥增味的作用，特别是在凉拌菜中，既可增味，又可杀菌。习惯上，人们平时所说的"大蒜"指的是蒜头。

大蒜的品种很多，按照鳞茎外皮的色泽可分为紫皮蒜与白皮蒜两种。紫皮蒜的蒜瓣少而大，辛辣味浓，产量高，多分布在华北、西北与东北等地，耐寒力弱，多在春季播种，成熟期晚。白皮蒜有大瓣和小瓣两种，辛辣味较淡，比紫皮蒜耐寒，多秋季播种，成熟期略早。

中国的大蒜产量很高，常年的种植面积为20多万公顷，产量约为400万吨，居世界首位，约占世界总产量的1/4。大蒜以直接生食为最多，营养价值最高，生理功效明显。

当然，也可以将大蒜加工成各种产品。这方面可开发的产品很多，如脱水蒜片、蒜粒、蒜粉，基本上全部出口到世界各地；也可进一步加工成系列产品，如保健食品、化妆品、饲料添加剂等可达几十种产品。大蒜这一被世界许多国家视为珍品的物产，在中国却一直未能真正形成产业而被开发。

大蒜自古就被当作天然杀菌剂，有"天然抗生素"之称。在过去，人们就用大蒜防治瘟疫，治疗肠道病等。它没有任何副作用，是人体循环系统和神经系统的天然强健剂。数千年来，在中国、埃及、印度等国，大蒜既是食物，也是传统药物。在美国，大蒜素制剂已排在人参、银杏等保健药物中的首位，它的保健功能可谓妇孺皆知。

美国国家癌症研究所正在推进一项旨在改善国民饮食习惯、使癌症发病率减少一半的"设计食品计划"。在"有可能预防癌症的重要食品"的金字塔结构图中，大蒜位于顶端，即最有效。

动物实验也相继证实了大蒜有抑制癌症的作用。大蒜作为最古老的人工栽培植物之一，其杀菌与强壮身体的功效早被人们所知。在古代印度，它甚至被用来治疗麻疹、毒蛇咬伤、肺炎以及寄生虫病。

传说，它在战争中曾起到过重要的作用呢！

2 100年前，恺撒大帝远征欧非大陆时，命令士兵每天服1头大蒜以增强气力，抗疾病。时值酷暑，瘟疫流行，对方士兵得病者成千上万，而恺撒士兵无一染上疾病。

第一次世界大战中，大不列颠帝国的军需部门曾购买十吨大蒜榨汁，作为消毒药水涂于纱布或绷带上医治枪伤，以防细菌感染。

第二次世界大战中，由于药品的严重缺乏，许多国家的军医都使用大蒜为士兵治疗伤口，当时，苏联曾誉称大蒜汁为"盘尼西林"。

我国近代的八年抗日战争的艰苦岁月中，八路军和新四军的军医也曾用大蒜防治感冒、疟疾及急性胃肠炎等疾病，增强了革命战士的体质。

成熟后的大蒜　△

10
保健作物——油菜

　　油菜，又叫油白菜、瓢儿菜，是十字花科植物油菜的嫩茎叶。它原产于我国，颜色深绿，帮像白菜，属十字花科白菜的变种。油菜中含多种营养素，所含的维生素C很丰富。

　　油菜开的花黄灿灿的，非常好看。它是由原产于我国西北地区的大白菜演化来的，又称为矮油菜和甜油菜，在我国大部分地区都能种植。

　　油菜的招牌营养素含量及其食疗价值可称得上诸多蔬菜中的佼佼者。

　　油菜中含多种营养素，所含的维生素C比大白菜高1倍多。有活血化瘀、解毒消肿、宽肠通便、强身健体的功能。

　　油菜里含有淀粉，但这些淀粉并不甜，并且还不容易溶解于水。在霜降之后，小油菜中的淀粉经催化作用水解成麦芽糖，再经麦芽糖酶的作用转化成葡萄糖，并溶解于水中。这是油菜在霜降后变甜的原因。

　　油菜在我国的栽培范围较广，以长江流域和以南各地为最多。十字形的花朵是十字花科植物的特征之一，高丽菜、小白菜等很多蔬菜都是油菜的"亲戚"。

成熟后的油菜　△

　　中国和印度是世界上栽培油菜最古老的国家。全世界栽植油菜以印度最多，我国次之，加拿大居第三位。

　　油菜的起源地一般认为有两个：亚洲是芸薹和白菜型油菜的起源中心；欧洲地中海地区是甘蓝型油菜的起源中心。

20世纪50年代油菜种植在长江流域推广，并以胜利油菜为基础逐渐培育出大批早、中熟高产甘蓝型品种。70年代初，甘蓝型油菜引入黄淮地区，由于具有较好的抗逆性，在北方冬油菜区大面积推广。

白菜型油菜生育期变化较大。油菜的阶段发育比较明显，冬性型油菜的春化阶段温度要求为0～10 ℃，需经过15～30天；春性型介于春、冬型之间，对温度要求不甚明显。油菜为长日照植物，每天日照时数为12～14小时，能满足日照要求，开花结实期间增加日照，可以提前开花结实。反之，则延缓发育。

种植油菜的方法有直播、育苗。北方多采用直播，南方则以育苗为主。大面积种植多用直播，小面积多为育苗。油菜种子较小，要求整地精细，施足底肥，要根据利用的目的，选择不同的行距。育苗的油菜要先做苗床，整地更精细，施肥、灌水条件较好，苗床撒播，待长有1～2片真叶时，即可移入大田。在油菜生长期间，要施肥、灌水，保证苗壮。北方冬季要覆盖一层有机肥以保温、防冻。

春茬露地油菜一般播后约60天可收获上市。过早上市则影响产量，过晚会影响产品质量。

开花时的油菜　△

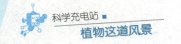
三　客厅里，那些营养丰富的水果

相信大家都爱吃水果，它们是我们生活中的营养品之一，但水果中的常识恐怕就不是所有人都知道的，因为它们也有自己的特性。了解了这些特殊性，你可以在适当的时候，挑选合适的水果食用。

水果在什么时候吃最有益于健康？人患有疾病时，会对哪种水果更感兴趣，也最有效果？这都是我们需要了解的知识。

1 保健之友——苹果

苹果属蔷薇科，是一种落叶乔木植物。

苹果树是喜低温干燥的温带果树，要求冬无严寒，夏无酷暑。一般认为年平均温度在7.5~14 ℃的地区，都可以栽培苹果。

苹果原产欧洲中部、东南部，中亚细亚乃至中国新疆。美国、中国、法国、意大利和土耳其是最大的生产国。

苹果的营养丰富，富含人体需要的多种元素，被人们称为"补脑果"。苹果中的钾，能与体内过剩的钠结合，从而调节钾钠平衡，对心血管起保护作用，所以苹果是高血压与肾炎水肿患者的"保健之友"。

苹果切开后会变色，原因是果肉里有一种叫酶的物质，当苹果切开后，空气中含有的氧气与这种酶相遇，经过一系列的变化，使切口面的颜色慢慢地变成了茶色，这样一来，苹果的营养价值就会降低，如果想让它不变色，可以将其放入盐水中。

我们在过节时，常常会买到带有黄颜色的"喜"、"福"等字样的红苹果，甚至有的苹果上面还有各种美丽的图案。这些苹果上的字、图案

既洗不掉，也擦不掉，因为不是写上去的。原来，苹果的颜色随着它成熟的程度而变化。正在生长中的苹果因含叶绿素而显示出绿色，随着苹果的成熟，气温和光照的变化，苹果内部发生了生理生化反应，叶绿素不断分解消失，花青素不断形成，使成熟的苹果呈现红色。

人们就是利用苹果颜色变化的特点来巧制艺术苹果的。通常，当苹果长到成熟期初始，已有一定的大小了，这时就用一张不透光、质地好的黑纸，精心剪出你所喜爱的图案或文字，遮在苹果向阳面进行遮光处理。苹果成熟后，被纸遮盖的部分因见不着阳光，无法进行光合作用，故糖的含量低，加上缺乏光照，影响花青素的形成，这部分颜色的变化仅是叶绿素的消失，伴随胡萝卜素的显现，于是呈现黄色。原有的绿色被含花青素的红色逐渐代替，最后苹果有了新样式，撕掉纸后，苹果表面就形成了红黄两色对比明显的字或图案了。

一般情况下，大多数人都可以食用苹果，尤其特别适宜婴幼儿和中老年人食用。

吃水果的学问，大家也要知道。比如上午是脾胃活动最旺盛的时期，这时吃水果有利于身体吸收；晚餐后吃水果不利于消化，吃得过多的话，会使糖转化为脂肪在体内堆积，所以吃苹果尽量选择在下午前，要么是饭前半小时，要么是饭后半小时。

食用苹果需要注意的是，苹果不可与胡萝卜同食，易产生诱发甲状腺肿的物质。

还有一点，在吴语区因吴语"苹果"与"病故"是同音词，所以在吴语区探望病人时不赠送苹果。

成熟的苹果 △

2
百果之宗——梨

　　梨，通常是落叶乔木或灌木，极少数为常绿品种，属于被子植物门双子叶植物纲蔷薇科苹果亚科。梨树很高，叶子光滑，二月开白色的花，梨的品种很多，有青、黄、红、紫四种颜色。

　　梨花是白色的，一小团一小团的，煞是好看。常常被文人墨客所描绘。

　　梨的果实通常用来食用，不仅味美汁多，甜中带酸，而且营养丰富，含有多种维生素和纤维素，不同种类的梨味道和质感都完全不同。梨既可生食，也可蒸煮后食用。在医疗功效上，梨可以润肺、祛痰化咳、通便秘、利消化，对心血管也有好处。但梨性寒易伤脾胃，不可多吃。除了作为水果食用以外，梨还可以作观赏之用。

　　梨素有"百果之宗"的美誉。在世界果品市场上，苹果、梨和橙子被称为"三大果霸"。在梨属大家族的25个品种中，我国就有14种，占了半数以上，是世界上梨树品种最多的国家。随着我国梨产量的逐年增加以及人们生活水平的大幅提高，梨已是百姓家庭中的日常水果。

　　你一定会想，为什么梨吃起来会有清脆的响声，而吃别的水果就

没有这样的感觉呢？那是因为梨的果实中含有一种石细胞，它能使果实组织变得坚硬，并且石细胞具有支持的功能。梨肉中的石细胞形状近似于圆形，均属于短石细

结在树上的梨 △

胞类型。我们在梨肉中总会看见一些白色细小的颗粒，这便是一簇一簇的细胞群了。当我们吃梨的时候，石细胞会相互摩擦，因而会发出"沙沙"的响声。

中国是梨属植物的中心发源地之一，亚洲梨属的梨大都源于亚洲东部，日本和朝鲜也是亚洲梨的原始产地；国内栽培的白梨、砂梨、秋子梨都原产中国。中国梨树栽培的历史在四千年以上。

梨树全身是宝，梨皮、梨叶、梨花、梨根均可入药，有润肺、消痰、清热、解毒等功效。梨因其鲜嫩多汁、酸甜适口，所以又有"天然矿泉水"之称。

梨对外界环境的适应性比苹果强，可耐寒、耐旱、耐涝、耐盐碱。

中国梨栽培面积和产量仅次于苹果。河北、山东、辽宁三省是中国梨的集中产区，栽培面积占一半左右，产量占60%，其中河北省年产量约占全国的1/3。

中国栽培的梨树品种，主要分属于秋子梨、白梨、砂梨、洋梨4个系统，种类和品种极多，南北各梨区都拥有适应各地区栽培的、不同熟期的成套品种。

河北赵县雪花梨是当地的特产，其栽培历史悠久，可上溯到1 700多年以前。河南宁陵县传统名特产有金顶谢花酥梨。孟津梨主产于河南孟津县会盟镇及周边地区，古时曾为贡梨，被誉为"洛阳金橘"。鸭梨是河北魏县的土特产品，魏县因此在1995年被国家农业部命名为"中国鸭梨之乡"。

鸭梨 △

3

香蕉有没有种子？

香蕉，多年生草本植物，具直立茎，为芭蕉科植物甘蕉的果实。

不知你注意过没有，我们吃水果时，水果中一般都会有一粒或多粒种子，但是吃香蕉的时候却从来没见过。

香蕉没有种子吗？不是。香蕉本来是有种子的，它是一种绿色开花植物，和其他绿色开花植物一样，也会开花结籽儿。在野生香蕉中有一粒粒很硬的种子，吃起来极为不便。因此，有人将野生香蕉和四倍体的芭蕉进行杂交，产生了三倍体的香蕉，也就是现在的香蕉，这样的香蕉中就没有种子了。

其实严格来说，栽培的香蕉并不是没有种子。如果你仔细观察，香蕉里面那一排排褐色的小点就是已经退化的种子。由于香蕉的种子已经退化，人们常通过地下的根蘖幼芽来繁殖香蕉的后代。在野生香蕉的果实内，仍可发现颗粒状的种子。

香蕉是一种很常见的水果，在东、西、南半球南北纬度30°以内的热带、亚热带地区广泛种植。中国是世界上栽培香蕉的古老国家之一，国外主要栽培的香蕉品种大多由中国传入。世界上栽培香蕉的国家有130个，以中美洲产量最多，其次是亚洲。中国香蕉主要分布在广东、广西、福建、台湾、云南和海南，贵州、四川、重庆也有少量栽培。

香蕉味香，富有营养，终年可收获，香蕉果实长而弯，果肉软，味道香甜。香蕉是岭南四大名果之一，在中国已有两千多年的历史。

"梅花点"香蕉皮色金黄，皮上布满褐色小黑点，香味浓郁，果肉软滑，品质最佳。

香蕉喜湿热气候，在土层深、土质疏松、排水良好的地里生长旺盛。野生香蕉采用种子栽培，人工香蕉可用吸根和假鳞茎分株栽培；第

一次收获需10～15个月，之后几乎可连续采收。

中国栽培的有甘蕉、粉蕉两个品种。甘蕉果形短而稍圆，粉蕉果形小而微弯，其果肉香甜，除供生食外，还可制作多种加工品。

香蕉是人们喜爱的水果之一，欧洲人因它能解除忧郁而称它为"快乐水果"，而且香蕉还是女孩子们钟爱的减肥佳果。同时，香蕉中的膳食纤维也多，是相当好的营养食品。因此，从小孩到老人都能安心食用。

香蕉营养丰富，它的功效也很多，可以清肠胃、治便秘，并有清热润肺、止烦渴、解酒毒等功效。

英国和意大利的研究人员发现，每天吃三根香蕉可以降低中风风险。

从中医学角度分析，香蕉味甘性寒，可清热润肠，促进肠胃蠕动，但脾虚泄泻者却不宜食用。根据"热者寒之"的原理，香蕉最适合燥热人士享用。

根据香蕉采后贮运期的长短，可选择适宜的饱满度采收。若要长途运输或长期贮藏，其采收饱满度一般在七成半至八成左右，饱满度越高，越接近成熟，耐藏性越差。

生长中的香蕉　▷

4
瓜果之王——西瓜

西瓜，又名寒瓜，是果汁含量最丰富的水果，其果肉清爽解渴，是盛夏佳果，号称夏季"瓜果之王"。

西瓜属葫芦科，是一年生草本植物。西瓜的形状呈圆形或椭圆形，皮色有多种。瓤多汁而甜，呈浓红色、淡红色、黄色或白色。

南方的海南为西瓜的主要产区，海南依其独有的气候一年四季均盛产西瓜；北方以山东为主要产区，主要集中在鲁西北地区的聊城、潍坊、昌乐、德州、泗水等地，其中五一前后出产的早熟品种尤以昌乐县尧沟镇的西瓜最为出名，因而该镇有"中国西瓜第一镇"的美誉。另外，河南开封、河北、陕西、甘肃兰州也是西瓜的主产区。

西瓜可分为四类：普通西瓜、瓜子瓜、小西瓜和无子瓜。

无子西瓜是怎么回事呢？原来，科学家们发现一些瓜果如果在发育过程中发生了某些变异后，就会结出个别无子的果实。对这些瓜果进行研究，发现它们有一个共同的特点，即它们都为三倍体，而正常的果实为二倍体，也就是它们的染色体数目与原来不一样，于是科学家们将这种发现应用于西瓜的种植上，用秋水仙素浸泡二倍体的西瓜种子，将得到的四倍体的种子作为母本，用普通西瓜作为父本进行杂交，便得到了三倍体的无子西瓜。

西瓜的药用价值很大，全身都是药。西瓜皮具有明显的利尿作用，西瓜子具有清肺、润肠、和中止渴的作用。西瓜瓤不仅有防暑降温的作用，而且其中所含的蛋白酶等物质，具有软化血管、降低血压、抗坏血症等功效，可防治肾炎、水肿、食道癌等症。西瓜汁具有增强皮肤弹性、减少皱纹、增添光彩等功效。

关于西瓜名称的由来，有两个说法。

　　有介绍说西瓜在神农尝百草时发现，原名叫稀瓜，意思是水多肉稀的瓜，但后来传着传着就变成了西瓜。另一种说法是西瓜并非源于中国，是从西域传来的，故名西瓜。

　　世界上最大的西瓜是在美国新泽西洲收获的，它的重量有80多千克。

　　当然，不是好吃的东西都可以无节制、没有规律地乱吃。西瓜不宜吃太多，因为它属于"生冷食品"，任何人吃多了都会伤脾胃，导致食欲不佳、消化不良及胃肠抵抗力下降，引起腹胀、腹泻。而且不宜在饭前及饭后吃，但对于想通过节食减肥的人来说，在饭前吃点西瓜不失是一种减少食物摄入的好方法。

　　虽然大热天吃冰西瓜的解暑效果很好，但对胃的刺激很大，容易引起脾胃损伤，所以应注意把握好温度和数量，最好把西瓜放在温度为8～10 ℃的冷藏室，每次吃的量不要超过500克，且要慢慢地吃。

田地里的西瓜　△

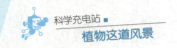

5
水晶明珠——葡萄

葡萄属落叶藤本植物，是世界上最古老的植物之一。叶子掌状分裂，复总状花序，花小，黄绿色。浆果球形或椭圆形，色泽随品种而异，有"水晶明珠"之美称。平时常吃的提子是葡萄的一类品种。

葡萄折藤栽种，易成活。葡萄皮薄而多汁、酸甜味美、营养丰富，其果实含糖量达10%~30%，并含有多种微量元素，有增进人体健康和治疗神经衰弱及过度疲劳的功效。

报道称，研究人员共对8种葡萄汁进行了检测，发现其中可能含有睡眠辅助激素——褪黑素。褪黑素是大脑中松果腺分泌的物质，可以帮助调节睡眠周期，并能治疗失眠，受到很多人的欢迎。身体虚弱、营养不良的人多吃些葡萄或葡萄干，有助于恢复健康，因为葡萄含有氨基酸、卵磷脂、维生素及矿物质等多种营养成分，特别是糖分的含量很高，而且主要是葡萄糖，容易被人体直接吸收。

葡萄是温补阳气的食品，不仅具有养肝的效果，而且可以修复气血，达到养颜美容的效果。

葡萄的品种很多，全世界约有8 000种，但是常用于酿酒的葡萄不过十几种。总体上可以分为酿酒葡萄和食用葡萄两大类。

葡萄原产于西亚，据说是汉朝张骞出使西域时经丝绸之路带入中国的，在中国种植的历史已有2 000年之久。世界上大部分葡萄园分布在北纬20°~52°之间及南纬30°~45°之间，绝大部分在北半球，海拔高度一般

葡萄架上的葡萄 △

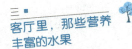

为400～601米。中国葡萄多在北纬30°～43°之间，海拔的变化较大，为200~1 000米。河北怀来葡萄分布高度达1 100米，山西清徐葡萄分布高度达1 200米，西藏山南地区葡萄的分布高度达1 500米以上。纬度和海拔是在大范围内影响温度和热量的重要因素。

品种丰富的葡萄 △

葡萄除了鲜食外，还可以做成葡萄干、葡萄汁、葡萄罐头和葡萄果酱，其营养价值很高。

葡萄的世界栽培品系有欧洲品系和美洲品系两大系统，根据其原产地不同，分为东方品种群和欧洲品种群。中国栽培历史久远的"无核白"、"牛奶"、"黑鸡心"等均属于东方品种群。"玫瑰香"、"佳丽酿"等属于欧洲品种群。人类在很早以前就开始栽培这种植物，几乎占全世界水果产量的1／4。

1914年，我国生产的葡萄酒曾在美国举行的万国博览会上获得金牌奖，此后就被命名为"金奖白兰地"，一直誉满海内外。

多数历史学家认为波斯（即今日伊朗）是最早酿造葡萄酒的国家。

6

无花果真的没有花吗？

无花果是一种隶属于桑科榕属的植物，主要生长于一些热带和温带的地方，属亚热带落叶小乔木。

无花果原产于阿拉伯、小亚细亚及地中海沿岸等地，栽培历史已超过五千多年。因外观见果不见花而得名，又有映日果、优昙钵、阿驵、底珍树、蜜果等名。无花果的干皮为灰褐色，平滑或不规则纵裂。小枝粗壮，托叶包被幼芽，托叶脱落后在枝上留有极为明显的环状托叶痕。

无花果喜温暖湿润的海洋性气候，喜光、喜肥，不耐寒，不抗涝，但较耐干旱。在华北内陆地区如遇-12 ℃低温新梢即易发生冻害，-20 ℃时地上部分可能死亡，因而冬季防寒极为重要。

无花果目前已知有800个品种，绝大部分都是常绿品种。只有长于温带地方的才为落叶品种。果实呈球根状，尾部有一小孔，花粉由榕小蜂传播。隐头花序是本属植物最重要的特征，因花生长于果内，称之为隐头果，是无花果属植物在桑科中与其他属最大的差别。

无花果的名字是怎么来的呢？因为其花朵在子房里，确切地说是在果实的雏形里，蜜蜂会从底部的小洞钻入并使花朵受精。无花果树叶浓绿、厚大，所开的花生于花序托内，而果子实际上就是膨大的花序托，所以被人们误认为它是"不花而实"，因此得名。我们食用的部分是它膨大的花序轴。植株常为落叶灌木或乔木，高达12米，有乳汁。维吾尔语称无花果为"安居尔"，意为"树上结的糖包子"。

成熟后的无花果 △

无花果是一种稀有水果，湖南、江苏、四川等地有种植，但在新疆阿图什地区栽培品质最优。无花果是无公害绿色食品，被誉为"21世纪人类健康的守护神"。

无花果原产于阿拉伯，后传入叙利亚、土耳其、中国等地，目前地中

成长中的无花果　△

海沿岸诸国栽培最盛。古罗马时代有一株神圣的无花果树，因为它曾庇护过罗马创立者罗募路斯王子，躲过了凶残的妖婆和啄木鸟的追赶，这株无花果后来被命名为"守护之神"。无花果耐瘠薄，土壤适应性很强，尤其是耐盐性强，但以肥沃的沙质土壤栽培最宜。

无花果是人类最早培育的植物。最新考古证实人类种植无花果的历史已达一万年之久。更有趣的是，古今中外许多专家学者长期研究考察推断，无花果正是《圣经·旧约》中亚当、夏娃偷吃的智慧果；而无花果那美丽宽大的叶片，则自然成为《圣经》里描述的人类的第一套服装。

奇特的是，无花果植株在育苗当年也能大量结果，这在果树中是十分少见的。鉴于无花果的巨大发展潜力，全国第一家无花果专业研究机构——重庆市无花果研究所1998年春天在重庆市铜梁县成立。该所自成立以后，先后从国家"948项目无花果课题组"、美国、日本等渠道引进无花果新品种90多个，现已从中选出优良品种12个，陆续向全国推广。无花果不但有着丰富的营养成分，还具有很高的药用价值。

无花果一般定居在山东、江苏、四川等地，山东威海地区设立了无花果种植基地，以大量规范种植。

7

热带水果皇后——菠萝蜜

　　菠萝蜜又名苞萝、木菠萝、树菠萝、大树菠萝、蜜冬瓜、牛肚子果，是一种桑科乔木，隋唐时从印度传入中国，宋代改称为菠萝蜜，沿用至今。

　　在我国北方很少见到菠萝蜜树，但是在街上的水果店里却可以见到菠萝蜜。它的形状很像菠萝，但个头比菠萝大得多。

　　未成熟的果实可作蔬菜食用，棕色成熟的果实可鲜食其果肉，味甜酸而不浓。种子长约3厘米。由于菠萝蜜是世界上最重、最大的水果，一般重达5~20千克，最重超过50千克，加之果实肥厚柔软、清甜可口、香味浓郁，故被誉为"热带水果皇后"。

熟透的菠萝蜜 △

　　菠萝蜜全身都是宝，连它的种子也可以煮熟食用。农家人一般用烹煮花生的方法，直接将其放入开水煮熟，即可食用。但是需要注意的是，如果种子出芽，味道就会改变，且不宜食用。新摘鲜果的果柄与果皮都有白色胶乳，但放置几天以后，胶乳便会自行消失。这种水果因香气浓烈，起初有些人还会不太习惯闻它的味道。

　　果树开花时节，菠萝蜜的枝条上没有蕾也没有花，只是青翠依旧。但粗大的主干和已长成的老树的主枝上，长出许多顶着花序的果柄，不开花便在老茎上慢慢结果。果柄上的菠萝蜜，少则一个多则三五个结成一串，悬于空中或挂在树上。有的树干被成团的果实围在中间，形成一种果抱树的自然奇观。

树上结的菠萝蜜　△

　　菠萝蜜是世界上著名的热带水果，原产于印度的热带地区，在热带潮湿地区广泛栽培。现在盛产于中国、印度、孟加拉国和巴西等地。我国的海南、广东、广西、云南东南部及福建、重庆南部均有栽培。

　　现代医学研究证实，菠萝蜜中含有丰富的糖类、蛋白质、维生素B、维生素C、矿物质等，对维持机体的正常生理机能有一定作用。其中有治疗作用的是从菠萝蜜汁液和果皮中提取的一种叫作菠萝蜜蛋白质的物质。服用菠萝蜜后能加强体内纤维蛋白的水解作用，可将阻塞于组织与血管内的纤维蛋白及血凝块溶解，从而改善局部血液、体液循环，使炎症和水肿吸收、消退，对脑血栓及其他血栓所引起的疾病有一定的辅助治疗作用。

　　食用任何东西都必须适度，过量食用菠萝蜜时应注意避免过敏反应的发生。方法是在食用菠萝蜜以前，先将其果肉放在淡盐水中浸泡数分钟，这种方法除可避免过敏反应的发生外，还能使果肉的味道更加醇美。另外，菠萝蜜和蜂蜜不要同食，否则会引起胀气。

　　菠萝蜜大得出奇，香得出奇，其果形、重量、香味都堪称果中之王。

8
四大果品之一——荔枝

　　荔枝与香蕉、菠萝、龙眼一同号称"南国四大果品"。荔枝原产于中国南部，是亚热带果树，常绿乔木，高约10米，是中国的特产。果皮有鳞斑状突起，果肉半透明凝脂状，味香美，但不好储藏。

　　荔枝是我国江南名贵水果。由于其色泽鲜紫，壳薄而平，香气清远，瓤厚而莹，所以历代文豪几乎都留下了赞誉荔枝的佳句名篇。杨贵妃因喜食荔枝而闻名，使得杜牧写下"一骑红尘妃子笑，无人知是荔枝来"的千古名句。诗人白居易曾这样描述："此果若离开树干，一日则色变，二日则香变，三日则味变，四五日后色、香、味都已没有存，所以名离枝。"

△ 树枝上的荔枝

　　在我国，荔枝主要产于广东、广西、福建、四川、台湾、云南等地，尤其是广东和福建南部栽培最盛。亚洲东南部也有栽培，非洲、美洲和大洋洲都有引种的记录。纬度分布范围从北纬18°至北纬28°。荔枝是在中国南部有悠久栽培历史的著名果树，一般公认其原产地在中国南部的热带、亚热带地区。在海南和云南人迹罕至的热带森林中先后找到了野生荔枝群落，可作为中国原产地的明证。

　　很多国家都有种植荔枝的历史，10世纪前后荔枝传入印度，17世纪传入越南、马来西亚半岛和缅甸。

　　荔枝中丰富的糖分具有补充能量的作用；荔枝肉含丰富的维生素C和

蛋白质；荔枝含有丰富的维生素，可促进微细血管的血液循环，防止雀斑的发生，令皮肤更加光滑。此外，荔枝还有消肿解毒、止血止痛的作用。

荔枝 △

以成熟期的长短划分，荔枝有早熟、中熟和迟熟三种。早熟荔枝在农历三月就可以采摘。被人称为"两广真多怪，鲜荔分冬夏"的中熟和迟熟荔枝，是指岭南在农历六月采收的荔枝和桂北在十月才上市的荔枝。

荔枝是雌雄同株异花的植物，雌花和雄花着生在同一花穗上，开花顺序因花穗着生部位和性别有差异，一般是两小穗之间的单花先开，其次是每小穗的中央花，最后是两侧小花，这些先开的花以雄花居多。雌雄花的开放顺序大致有三种类型：单性异熟型、单次同熟型和多次同熟型。单性异熟型是指雌、雄花分别开放而造成雌雄不遇，后二者则均有雌、雄花同时开放或雌、雄相遇的情况，如三月红、妃子笑、怀枝、白蜡、桂味等品种的开花就具有这一特性。

吃荔枝也有禁忌。不能在空腹的时候吃荔枝，每日进食量不超过300克。如果泡上一杯用荔枝叶（晒干）煎的荔枝茶，还可解食荔枝过多而产生的胃滞和腹泻。须知荔枝是补血、壮阳之物，热症的人唯有忌口。痛风、糖尿病患者尤其不宜多吃。

9 水果之王——猕猴桃

猕猴桃，也称猕猴梨、藤梨、羊桃、木子、毛木果等，落叶藤本植物，叶子互生，花黄色，有的地区叫奇异果。浆果近球形，深褐色并带毛的表皮一般不食用，而表皮下有呈亮绿色的果肉和一排黑色的种子。猕猴桃的果肉质地柔软，味道有时被描述为草莓、香蕉、菠萝三者的混合。因猕猴喜食，故名猕猴桃，亦有说法是因为果皮覆毛，貌似猕猴而得名。

猕猴桃共有59个品种，其中在生产上有较大栽培价值的有中华猕猴桃、美味猕猴桃、软枣猕猴桃、葛枣猕猴桃四个品种。猕猴桃的原产地在中国，特别是陕西省关中的秦岭北麓地区。

猕猴桃生于山坡林缘或灌丛中，有些园圃栽培。它喜阴凉湿润环境，怕旱、涝、风，耐寒，不耐早春晚霜。栽培猕猴桃植株时应选在背风向阳的山坡或空地，生长环境应为土壤疏松、排水良好、有机质含量高、pH在5.5～6.5的微酸性沙质土壤。栽植时间从秋末到开春，秋季十月下旬和春季二月下旬枝梢伤流期前。果实的采收在九月中旬到十月中旬，这时的果实已充分成熟，采摘时要轻摘轻放，避免挤压、碰伤。采收后经8~10天后熟期才食用。

猕猴桃除食用外，还可以酿酒，加工果酱、果汁、果脯和罐头等。它还是一种含油量较高的植物，也可以用作工业用油，可以说是用途广泛。

猕猴桃的维生素C含量在水果

成熟后的猕猴桃 △

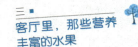

中名列前茅，一个猕猴桃能提供一个人一日维生素C需求量的两倍多，被誉为"水果之王"。

猕猴桃是一种营养价值极高的水果，它含有亮氨酸、苯丙氨酸、异亮氨酸、酪氨酸、丙氨酸等10多种氨基酸，以及丰富的矿物质，包括钙、磷、铁，还含有

树上的猕猴桃　△

胡萝卜素和多种维生素，对保持人体健康具有重要的作用。

猕猴桃作为果树栽培并成为商品在20世纪三四十年代的新西兰。1940年，新西兰北岛的几个果园的猕猴桃已有可观的产量，这种新型的水果逐渐引起了人们的重视。经过一段时间的栽培选育，又育出大果品种。1952年，猕猴桃鲜果首次出口到英国伦敦。由新西兰培育的品种还被逐渐引种到澳大利亚、美国、丹麦、德国、荷兰、南非、法国、意大利和日本等国。从1960年开始，世界上其他国家纷纷从新西兰进口苗木或自己育苗建园，到1980年猕猴桃逐渐发展成为一个世界性的新兴果树产业。

我国猕猴桃的栽培范围主要分布于陕西、四川、河南、湖南、贵州、浙江、江西等省，栽培面积占世界猕猴桃总栽培面积的53%，产量占世界猕猴桃总产量的38%。

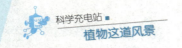

10
果中皇后——草莓

草莓，又叫红莓、洋莓、地莓等，多年生草本植物。植株矮，有匍匐茎，叶子椭圆形，花白色。草莓是对蔷薇科草莓属植物的通称，外观呈心形，鲜美红嫩，果肉多汁，味道酸甜，含有一般水果所没有的浓郁的芳香，是水果中难得的色、香、味俱佳者，因此常被人们誉为"果中皇后"。

草莓原产于南美、欧洲等地，20世纪传入我国。在我国各地都有草莓栽培，产量较多的有北京、天津、沈阳、杭州等市。也有野生的，每年5~6月间果实成熟时采摘。目前，美国、波兰和俄罗斯是世界上种植草莓最多的国家。

△ 在枝叶上的草莓

草莓含有果糖、蔗糖、柠檬酸、苹果酸、水杨酸、氨基酸以及钙、磷、铁等矿物质。此外，它还含有多种维生素，尤其是维生素C的含量非常丰富，每100克草莓中就含有维生素C 60毫克。草莓中所含的胡萝卜素是合成维生素A的重要物质，具有明目养肝的作用。

草莓含有果胶和丰富的膳食纤维，可以帮助消化、通畅大便。

草莓中的营养成分容易被人体消化、吸收，多吃也不会受凉或上

火，是老少皆宜的健康食品。与此同时，草莓还可以巩固齿龈，清新口气，润泽喉部。

熟透的红草莓 △

草莓的吃法很多。若将草莓拌以奶油或鲜奶共食，其味极佳，也可将洗净的草莓加糖和奶油捣烂成草莓泥，冷冻后食用，是可口的夏令食品；草莓酱可以用来做元宵、点心的馅心；草莓还可加工成果汁、果酱、果酒和罐头等。

由于草莓是低矮的草本植物，虽然是在地膜中培育生长，但在生长过程中还是容易受到泥土和细菌的污染，所以一定要在草莓入口前把好"清洗关"。

草莓还有较高的药用和医疗价值。有研究认为，年轻时多吃富含花青素的水果、蔬菜，更有助于降低日后患心脏病的危险。花青素有助于提高"好胆固醇"（高密度脂蛋白胆固醇）水平，同时还可以减少与心脏病有关的体内炎症。由于市场上还没有出现花青素纯品，因此需要通过食补的方式摄入花青素，如食用草莓。从草莓植株中提取出的"草莓胺"，对治疗白血病、障碍性贫血等血液病有较好的疗效。草莓味甘酸、性凉、无毒，能生津、利痰、健脾、解酒、补血、化脂，对肠胃病和心血管病有一定的防治作用。

在广州一带有一种野生地锦草莓，当地人用捣碎的茎、叶敷疮有特效，敷烫伤、烧伤等也很奏效。草莓汁还有滋润皮肤的功效，用它制成的护肤品对减缓皮肤出现皱纹有显著效果。

四　　可做药材的植物

在自然界中，许多植物有治病的功效。我国的中医理论是世界医学的瑰宝，它所使用的中草药，就是自然界数以千计的药用植物。我国的药用植物种类特别多，分布也广。据专家统计约有五千种。明代李时珍在《本草纲目》中记载了两千多种药用植物。

中药之王——人参

人参为多年生草本植物，主根肥大，圆柱状，肉质，黄白色，根和叶都可入药。由于根部肥大，形若纺锤，常有分叉，全貌颇似人的头、手、足和四肢，故而称为人参。它是名贵的中药，生长的年代越久，就越贵重。

人参多生长于昼夜温差小、海拔为500～1100米的山地缓坡或斜坡地的针阔混交林或杂木林中，喜阴凉、湿润的气候。人参被人们称为"百草之王"，是闻名遐迩的"东北三宝"（人参、貂皮、鹿茸）之一。

我国自唐朝起，就开始人工种植人参。目前，除东北大量种植园参外，河北、山西、甘肃、宁夏、湖北等地也均有栽培。人工栽培的人参在精心管理下6年就可收获，但从药用价值或珍贵程度方面讲，似乎都无法与百年的老山参相比。由于被大量采挖，野生人参已越来越少，处于濒临绝灭的境地。这种"中药之王"、"能治百病的草"与水杉、银杉、桫椤等珍贵植物一起，已被列为我国国家一级重点保护植物。

人参的种胚有形态后熟和生理后熟的特性，前者要求温度为10～20℃，后者要求温度为2～4℃，需时各为3～4个月，没有完成后熟的种子不能发芽，且对土壤要求严格，宜在富含有机质、通透性良好的沙质土壤中栽培，忌连作。

人参植株 △

几千年来，人参都被列为中草药中的"上品"。人参的滋补作用表现在多方面。在临床应用上，人参对于休克等急症病人的抢救，治疗糖尿病、心血管和消化系统疾病、各种精神病等，都有一定的疗效。

人参分为野山参、林下参和园参。野山参的产量稀少，主要在长白山区以及小兴安岭地区偶尔发现，朝鲜和俄罗斯远东地区少有发现。林下参、园参主要分布在吉林地区，辽宁的桓仁、新宾、凤城、铁岭、抚顺，黑龙江的铁力、伊春、东宁、牡丹江等地也有分布。

人参具有多种祛病养生功效。传统药典记载，人参能够固本回元，护命强身，延年益寿。现代医药学研究发现，人参的成分复杂，肿瘤患者不宜服用。人参也不宜大补，要视情况而定。

人参内服不仅强身，也会起到抗衰老、美容的作用。可将人参直接浸入浓度为50%的甘油中，用甘油搓脸，或将人参煎成浓汁，每日往洗脸水中倒一点，能滋润皮肤。

成形的人参 △

人参在贮藏前要晒干，最佳的时间段为上午9时到下午4时之间，不宜长时间暴晒。同时供药用的人参已达到一定的干燥程度，一般只需将人参在午后翻晒1~2小时即可。待其冷却后，用塑料袋包好扎紧袋口，置于冰箱冷冻室里，就能保存较长时间。

2
灵芝是仙草吗？

　　"灵芝"这两个字不论是写在纸上，还是念起来，都很美。它的样子像一把美人伞，又似顽皮的小蘑菇。过去有许多关于灵芝的传说，说它是一种能治百病、长生不老、起死回生的仙草。

　　灵芝又名"不死药"，俗称"灵芝草"，真菌的一种，菌盖呈肾形，赤褐色或暗紫色，有环纹，并有光泽。其中，以长白山赤灵芝尤为著名。

　　灵芝是仙草吗？

　　其实灵芝并不是草，它跟蘑菇一样，本体是菌丝，用孢子进行繁殖。灵芝没有叶绿素，不能进行光合作用，只能寄生在活着的或腐朽的有机体上，靠吸收现成的营养生存。

　　根据现代的化学分析和药理试验，灵芝的确具有许多药用成分，但不是仙草。

△ 可以入药的灵芝

　　灵芝是多孔菌科植物赤芝或紫芝的全株，以紫灵芝药效为最好。灵芝原产于亚洲东部，中国分布最广的在江西。灵芝作为拥有数千年药用历史的中国传统珍贵药材，具备很高的药用价值。现代药理学研究证实，灵芝对于增强人体免疫力、调节血糖、控制血压、辅助肿瘤放化疗、保肝护肝、促进睡眠等方面均具有显著疗效。

　　灵芝一般生长在湿度高且光线昏暗的山林中，是一种坚硬、多孢子

生长中的灵芝 △

和微带苦涩的大型真菌。成熟期的灵芝会喷出粉状的孢子，从而进行繁殖。现在野生的灵芝已经很少见，且质量不容易控制，当今以中国海南岛的产量最多，菌种最丰富。市场上的灵芝大部分都是人工种植的，比较出名的人工种植灵芝的地区是福建。

灵芝的品种很多，约200种，并不是每种灵芝都能药用，其中包括不能食用的毒芝。医学证明，赤灵芝、紫芝、云芝的药用价值最高，在长白山自然保护区最适宜生长。世界上灵芝科的种类主要分布在亚洲、澳洲、非洲及美洲的热带及亚热带，少数分布于温带。地处北半球温带的欧洲仅有灵芝属的4种，而北美洲大约有5种。中国地跨热带至寒温带，灵芝科种类多而分布广。

如果从东北部的大兴安岭向南方向的西藏东南部画一条斜线，便可将灵芝的分布划分为迥然不同的两大区，正好说明灵芝科种类的分布与中国的地形地貌、生态环境相吻合。由于多年来人类的过度采摘，野生灵芝的存量越来越少。

灵芝主要分布在中国、朝鲜半岛和日本。在青海、新疆和宁夏几乎没有发现常见的灵芝（赤芝）。赤芝主要分布于长白山和台湾地区，并以长白山灵芝和台湾的樟芝最为著名。灵芝对神经系统有抑制作用，且有降压和加强心脏收缩力的作用。此外，还有祛痰、护肝、提高免疫功能、抗菌等作用。

原则上，任何人都可以服用灵芝。小孩与老人的身体抵抗力（免疫力与肝脏的解毒力）比成人弱，因而容易患各种疾病。服用灵芝，抵抗力就会大为增强，不易感冒，因此，小孩与老人更适宜服用灵芝。

3
无根无叶的植物——天麻

天麻为多年生草本植物，没有叶绿素，是一味常用而较名贵的中药，在医书中有"神草"之称。天麻喜欢生长在阴暗潮湿的环境中，20世纪70年代后，家种天麻成为主要的商品来源。

初夏时节，在阴湿的林区山间，天麻植株从地间突然冒出像细竹似的、砖红色的花穗，穗的顶端排列着黄色或红色的小花，不到一米长的光秆孤零零地摇曳着，看上去真像一支小箭，所以有的地方叫它"赤箭"。花开过后，会结出一串果子，每个果里有上万粒小如沙尘的种子，随风飘扬。细心的采药人只要顺着这根赤箭就能从地下挖出一些大小不同的块茎，这些块茎就是天麻。

和灵芝一样，天麻不能进行光合作用，也无法吸收水和无机盐，与一种名叫蜜环菌的真菌共生，依靠蜜环菌为其提供营养物质。天麻的细胞里有一种特殊的酶，能把钻到块茎里的菌丝当作很好的食物消化、吸收，真菌反而成了天麻的食物。

天麻是一种特殊的兰科植物，分布于热带、亚热带、温带及寒温带的山地。到目前为止，全世界已发现该属植物有30余种，我国天麻属植物已发现有6个品种，其中细天麻、南天麻主要分布在台湾省，疣天麻在云南省中部地区发现，原天麻分布于云南省丽江、昭通彝良小草坝、石屏及四川省峨眉的高山区。

天麻在我国普遍栽培，分布

天麻的干燥块茎 △

较广，在种内产生了许多变异，经常可以看到花的颜色、花茎的颜色、块茎的形状、块茎含水量不同的天麻。

生长中的天麻 △

天麻春、冬两季均可采挖，冬至以前采挖者称"冬麻"，质佳。立夏之前采挖者称"春麻"，质次。采挖后洗净，用竹刀刮去外皮或用谷壳擦去外皮、蒸透、用无烟火烘干，即为天麻的干燥块茎。

天麻已被世界自然保护联盟评为易危物种，并被列入《濒危野生动植物物种国际贸易公约》的附录Ⅱ中，同时也被列入中国《国家重点保护野生植物名录（第二批）》中，为Ⅱ级保护植物。

市场上常见的假天麻有紫茉莉（紫茉莉科植物）的根、大理菊（菊科植物）的根、羽裂蟹甲草（菊科植物）的块茎、马铃薯（茄科植物）的块茎、赤爬（葫芦科植物）的块茎、商陆和羌商陆（商陆科植物）的根、芭蕉芋（芭蕉科植物）的根茎，这些植物的根茎形状与天麻十分相似。辨别真假天麻的方法可以概括为：天麻长圆扁稍弯，点状环纹十余圈；头顶茎基鹦哥嘴，底部疤痕似脐圆。若再鉴别不开，就需要请专家进行显微鉴别和理化鉴别了。

使用天麻时"药不对症"是引起不良反应的重要原因之一。

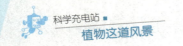

4
补气良药——黄芪

　　黄芪，又名黄耆，多年生草本植物，属于豆科，根黄色，可入药。它的历史悠久，是一种较名贵的中药材，临床应用十分广泛，是中医常用的中药之一。

　　黄芪夏季开花，结荚果。根很长，一般采挖4年以上的根。除去地上茎叶及须根，晾干后截成段收藏或切片药用。秋季采收的黄芪含微量元素硒较多，因而质量较好。黄芪的茎叶营养丰富，是牲畜的优良饲料。此外，尚有多种黄芪属植物在各产地亦可供药用。

　　黄芪味甘，性微温，归肝、脾、肺、肾经，其药用迄今已有2 000多年的历史，有增强机体免疫功能、保肝、利尿、抗衰老、抗应激、降压、抗菌作用。此外，黄芪是补气佳品，用来熬粥汤，具有益血补气之功效。

　　从体质上来说，黄芪最适合气虚脾湿型的人，这种人往往身体虚胖，肌肉松软，尤其是腹部肌肉松软，而身体十分干瘦结实的人则不宜。

　　为什么感冒不能喝黄芪粥呢？因为黄芪是固表的，它帮助身体关闭大门，不让外邪入侵。可是当身体已经感受外邪的时候，就会变成闭门留寇，把病邪关在体内，无从宣泄了。同理，从季节来说，普通人春天不宜吃黄芪，这是因为春天是生发的季

黄芪片　△

节，人体需要宣发，吃黄芪就不太适宜了。

黄芪不仅可以治病、养病，还可以补身体。可用来泡酒、做菜、调味、去腥。

黄芪主要分布于亚热带和温带地区，但主要产于北温带。在我国，黄芪产于内蒙古、山西、甘肃、黑龙江等地，有270余种。膜荚黄芪主要分布于中国东北、华北、甘肃、四川、西藏等地；蒙古黄芪主产内蒙古、山西及黑龙江，现广为栽培。由于长期大量采挖，近几年来野生黄芪的数量急剧减少，若不加强保护和人工繁殖，有趋于绝灭的

黄芪花　△

危险。黄芪为国家三级保护植物，为了保护好野生资源，应适当限制采刨，采刨季节应在种子成熟落地之后，严禁采挖幼株。为了扩大资源，应大力发展种植或者人工播植幼株，然后保持半野生状态，直到采收。

关于黄芪还有一个传说。古时候，有一位善良的老人，名叫戴糁，他善于针灸治疗术，一生乐于救助他人。老人形瘦，面肌淡黄，人们以尊老之称而敬呼之"黄耆"。后来，老人由于救坠崖儿童而身亡。为了纪念他，人们便将老人墓旁生长的一种味甜，具有补中益气、止汗、利水消肿、除毒生肌作用的草药称为"黄耆"，并用它救治了很多病人，因此在民间广为流传。

5
黄连为什么是苦的?

　　黄连,多年生草本植物,根状茎味苦,黄色,可入药。主要分布于四川、贵州、湖南、湖北、陕西,生于海拔500～2 000米处的高山林下或山谷阴处,是国家三级保护濒危物种。

　　"黄连苦,连心苦",许多人吃过黄连素,都知道它非常苦。黄连素可从黄连、黄柏、三颗针等植物中提取,也可人工合成。将黄连的根放在清水里泡一会儿,水会变成淡黄色,这种使水变成淡黄色的物质就叫黄连素。黄连素是一种生物碱,能对抗病原微生物,对多种细菌如痢疾杆菌、结核杆菌、肺炎球菌、伤寒杆菌及白喉杆菌等都有抑制作用,其中对痢疾杆菌作用最强。

　　关于黄连名称的由来,有这样一个传说。

　　黄水山形如凤凰,故又名凤凰山。相传很早以前,在四川石柱县凤凰山上住着一位姓陶的医生,他与女儿相依为命。陶医生雇请了一位名叫黄连的帮工,替他栽花种草。这位帮工心地善良,勤劳憨厚。

　　有一年,凤凰山一带不少人都得了一种病,患者多有高热烦躁、胸闷呕吐、腹泻、肿痛的症状,一个个身强力壮的人都失去了劳动能力。陶医生的女儿踏青外出时,在山坡上发现了一种野草,这种野草的叶边缘具有锯齿,长有很多黄绿色的小花,好看极了,她顺手拔起这些野草,兴奋地带回家种在园子里。

黄连植株 ◁

次年夏天，陶医生外出给人治病，十多天没回家。其间，陶姑娘患病卧床，不思饮食，一天天地瘦下去。陶医生的几位同乡好友煞费苦心，想尽一切办法，也没治好陶姑娘的病。黄连心想，陶姑娘在园子里种下的开黄绿色小花的野草，怎么不可以用来试一试？于是他将这种野草连根拔起，洗干净后连根一起煮，一会儿工夫，野草和汤全都成黄色的了。

　　这时黄连拿起汤勺舀了一碗，正想送去，突然想到万一有毒，岂不是害了陶姑娘？不如自己先尝一下，他随即一饮而尽，只是觉得味道好苦。黄连确定野草无毒后，才给陶姑娘服下。说来也怪，喝下这野草汤，陶姑娘的病竟然好了，她对黄连说："这是一味好药，就是太苦了。"

　　乡亲们得知陶姑娘喝了用野草熬的汤痊愈的消息后，都去采挖这种野草来熬汤服用，结果他们之前患的怪病都痊愈了。为了纪念黄连，陶医生便把这种清热解毒、味极苦的药草取名为黄连。

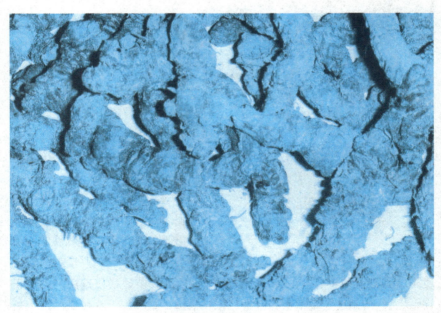

成熟后的黄连　△

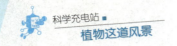

6
四大名药之——白术

　　白术，菊科，多年生草本植物。根状茎肥大成块状。茎直立，通常自中下部长分支，全部光滑无毛。茎下部叶有长柄，叶片深三裂或羽状五深裂，裂片边缘有细刺齿。秋季开花，头状花序顶生，全部为管状花，花紫色。白术的植株生长喜凉爽气候，怕高温高湿。瘦果表面有黄白色茸毛，冠毛羽状，长1厘米以上。

白术苗　△

　　白术是中国传统常用中药之一，以根茎入药，性温，味甘苦，具有多项药用功能。有健脾益气、燥湿利水、止汗、安胎的功效，主治脾虚泄泻、痰饮、水肿、胎动不安等症。

　　白术为中国浙江特产，又名浙术，是闻名中外的"浙八味"之一。福建、江苏、江西、湖南、贵州等地都有栽培。

　　白术具有悠久的生产栽培和应用历史。白术对土壤要求不严格，酸性的黏土壤、微碱性的沙质土壤都能生长，以排水良好的沙质土壤为好，但不宜在低洼地、盐碱地种植。育苗地最好选用坡度小于15°～20°的阴坡生荒地或撂荒地，以较瘠薄的地为好，在过肥的地生长的话，白术苗枝的叶会过于柔嫩，抗病力减弱。生长后期，根状茎迅速膨大，这时需保持土壤湿润，如土壤干燥对根状茎膨大有影响。

　　白术不能与花生、元参、白菜、烟草、油菜、附子、地黄、番茄、萝卜、白芍、地黄等作物轮作，种过的土地须隔5～10年才能再种，其前作以禾本科为佳，因禾本科作物（小麦、玉米、谷子）无白绢病感染。

　　白术对土壤水分要求不严格，但应在苗期适当浇水。如此时干旱，幼苗生长迟缓，但在高温高湿季节，应注意排水，否则容易发生病害。

　　据观察，白术在气温为30 ℃以下时，植株的生长速度随气温升高而加快，如气温升至30 ℃以上时生长会受到抑制，而地下部分的生长以26～28 ℃为最适宜。白术较能耐寒，在北京能安全越冬。

　　根据白术的历史行情记录，可以明显认识到白术的价格波动十分频繁，而且价格变化幅度巨大。

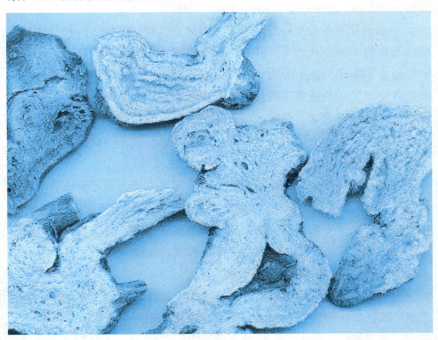

白术片　△

7
冬天是虫，夏天是草——冬虫夏草

　　虫草是指包括冬虫夏草在内的广义的虫草属真菌的总称。虫草的种类基本上是以其有性世代的形态特征、寄主、地名、人名而命名的，所以虫草属的种名就是各单一虫草真菌的名称，目前已经发现的虫草有400多种，而"冬虫夏草"就是特指以青藏高原为主产地、中国特有的冬虫夏草，与人参、鹿茸一起被列为中国三大补药。

　　冬虫夏草究竟是虫还是草？有关专家有这样的解释：一种叫作蝙蝠蛾的动物将虫卵产在地下，并孵化成长得像蚕宝宝一般的幼虫。而有一种经过水而渗透到地下的孢子，专门找蝙蝠蛾的幼虫寄生，并吸收幼虫的营养，以达到快速繁殖的目的。当菌丝慢慢成长的同时，幼虫也随着慢慢长大而钻出地面。直到菌丝繁殖至充满虫体，幼虫就会死亡，此时正好是冬天，就是所谓的冬虫；当气温回升后，菌丝体就会从冬虫的头部慢慢萌发，长出像草一般的真菌子座，称为夏草。

　　在真菌子座的头部含有子囊，子囊内藏有孢子。当子囊成熟时，孢子会散出，再次寻找蝙蝠蛾的幼虫作为寄主，这就是冬虫夏草的循环。

　　冬虫夏草属麦角菌科真菌，是一种传统的名贵滋补中药材，有调节免疫系统功能、抗肿瘤、抗疲劳等多种功效，备受历代医学家重视，在国内外享有盛誉。

　　民间应用冬虫夏草的历史较早，始载于吴仪洛《本草从新》（1757年），记有："冬虫夏草四川嘉定府所产最佳，云南、贵州所产者次之。冬在土中，身活如老蚕，有毛能动，至夏则毛出之，连身俱化为草。"

成熟后的冬虫夏草　△

　　冬虫夏草只产生在以青藏高原为中心地域（青

藏高原及其相邻的横断山脉余脉特殊区域内）、海拔3 500～5 000米高寒湿润的高山灌丛和高山草甸上（集中分布于海拔4 100～5 000米的垂直高度内），主要分布于金沙江、澜沧江、怒江三江流域的上游。东至四川省的凉山，西至西藏的普兰县，北起甘肃省的岷山，南至喜马拉雅山和云南省的玉龙雪山。西藏虫草的产量大约占全国虫草产量的40%，四川省产量大约占全国虫草产量的40%。

冬虫夏草很早作为药材输出国外。明代中叶（1723年），法国人巴拉南从中药店买到虫草，并带回巴黎。

在自然界中，植物消灭虫的现象并不是绝无仅有的。人们不仅可以直接利用食入虫的菌做药材，而且可以利用菌灭虫这一自然现象来制订防治病虫害的措施。如有一种名为白僵菌的真菌，它可以和冬虫夏草一样，摄入大豆食心虫，同时，白僵菌也是家蚕和柞蚕的天敌，所以有关研究人员已经注意到利用菌来灭虫这条新的途径。

成长期的冬虫夏草　△

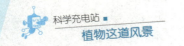

8

催眠植物——罂粟

　　罂粟，又名阿芙蓉，是罂粟科一年或二年生草本植物，花开得鲜艳而美丽，像一个美人丰盈挺立。茎直立，高60～150厘米。种子略呈肾形，表面网纹明显，棕褐色。花期4～6月，果期6～8月。

　　罂粟是制取鸦片的主要原料，同时其提取物也是多种镇静剂的来源，如吗啡、蒂巴因、可待因、罂粟碱、那可丁。其学名中有"催眠"的意思，反映出它具有麻醉性。

　　罂粟的种子罂粟籽中含有对健康有益的油脂，广泛应用于食物沙拉中，而罂粟花绚烂华美，是一种很有价值的观赏植物。

　　人类的祖先很早就认识了罂粟。据考古学家分析，罂粟是新石器时代的人们在地中海东海岸的群山中游历时偶然发现的。

　　罂粟科植物广泛分布在全世界温带和亚热带地区，大部分种类是草本，也有少数是灌木或小乔木，整个植株都有导管系统，分泌白色、黄色或红色的汁液。花多大而鲜艳，无香味。

　　很多地区都有关于它的说法。

　　5 000多年前的苏美尔人曾虔诚地把它称为"快乐植物"，认为它是神灵的赐予。

　　古埃及人也曾把它当作治疗婴儿夜哭症的灵药。公元前3世纪，古希腊和罗马的书籍中就出现了对鸦片的详细描述。在古埃及，罂粟被人称之为"神花"。古希腊人为了表示对罂粟的赞美，让执掌农业的司谷女神手拿一枝罂粟花。古希腊神话中也流传着罂粟的故事，有一个统管死亡的魔鬼之神叫修普诺斯，其儿子手里拿着罂粟果，守护着酣睡的父亲，以免他被惊醒。

　　大诗人荷马称它为"忘忧草"，维吉尔称它为"催眠药"，有的奴隶主还种植了一些罂粟，当然只是为了欣赏它美丽的花朵。

但是，当历史的车轮驶进19世纪的时候，人们终于发现罂粟竟是悬在人类头上的一把达摩克利斯之剑。因为，它在为人们治疗疾病，使人们忘却痛苦和恐惧时，也能使人的生命在麻醉中枯萎，在迷幻中毁灭。可悲的是，人类的自私与贪婪又一次战胜了理性与道义。早期的殖民者在禁绝本国人民吸食鸦片的同时，却把灾难引向了整个人类。

19世纪中下叶，早已在本国禁烟的大英帝国在缅甸殖民地发现了一个种植鸦片的好地方。从此，在世界的版图上逐渐形成了一个被后人称为"金三角"的地方。

"金三角"位于缅甸、泰国、老挝三国交界处，其大部分位于掸邦东部。1852年，英国发动了第二次英缅战争，占领了缅甸，他们很快发现了适合种植鸦片的区域，于是，英国殖民者在"金三角"强迫当地的土著人种植罂粟，提炼鸦片，然后将其销往其他地方。今天，"金三角"已成了全世界声讨的焦点。在阳光灿烂的"金三角"，罂粟花还在怒放，古柯叶仍在摇曳，从"快乐植物"到"魔鬼之花"的嬗变，变成了人类的悲剧。

野罂粟 △

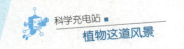

9 全身都是宝——枸杞

　　枸杞，是茄科、枸杞属的多分支灌木植物，高0.5～1米，栽培时可达2米。国内外均有分布。"枸杞"这个名称始见于我国2 000多年前的《诗经》。明代的药物学家李时珍云："枸杞，二树名。此物棘如枸之刺，茎如杞之条，故兼名之。"

　　枸杞是名贵的药材和滋补品，中医很早就有"枸杞养生"的说法。它的全身都是宝，富含多种营养成分，能补虚生精，可用来入药或泡茶、泡酒、炖汤。如能经常饮用，可强身健体。

　　枸杞子含有丰富的胡萝卜素、维生素A、维生素B、维生素C、钙、铁等，故擅长明目，所以俗称"明眼子"。历代医家治疗肝血不足、肾阴亏虚引起的视物昏花和夜盲症时，常常使用枸杞子。现代研究表明，枸杞子有降低血糖、抗脂肪肝、抗动脉粥样硬化的作用。枸杞子冬季宜煮粥，夏季宜泡茶，是一年四季养身滋补的好东西，需要注意的是，有酒味的枸杞已经变质，不可食用。

　　枸杞的叶、花、根也是上等的美食补品。枸杞苗叶还是一种非常好的蔬菜，可以和烧好的黄鱼配在一起食用，黄鱼软酥鲜香，枸杞苗叶碧绿嫩脆，清香带甜，口感相当不错。此外，还可以凉拌，或者用来炒肉丝、煮粥。但需要快速炒杀，才能保持色、香、味不变。

　　枸杞喜光照，对土壤要求不严，耐盐碱、耐肥、耐旱、怕水渍。以肥沃、排水良好的中性或微酸性土壤栽培为宜，盐碱土的含盐量不能超过0.2%，在水稻田或沼泽地区不宜栽培。

枸杞子 △

枸杞的产区主要集中在西北地区，宁夏的枸杞最为著名，另外甘肃、青海等地的枸杞品质也很高。枸杞果实为间歇式成熟，生产上一般按果实成熟期将其分为春果枸杞、夏果枸杞和秋果枸杞。6月至7月初成熟的果实为春果；7月上旬至8月来自于当年春枝的果实称为夏果；9月至10月成熟的果实为秋果。

成长中的枸杞　△

　　枸杞常生于山坡、荒地、丘陵地、盐碱地、路旁及村边宅旁。在我国除普遍野生外，各地也有其他用途，如药用，作为蔬菜食用或作为绿化栽培植物（可作绿篱栽植、树桩盆栽以及用作水土保持的灌木等）。

　　一般来说，健康的成年人每天吃20克左右的枸杞比较合适，如果想起到治疗的效果，每天最好吃30克左右，不能太多。也不是所有的人都适合服用枸杞，由于它温热身体的效果相当强，因此正在感冒发烧的病人、身体有炎症的人、腹泻的病人、高血压患者最好别吃。

10
中药之——当归

　　当归是多年生草本植物，产于中国甘肃、陕西、四川、湖北、云南、贵州等地。茎带紫色，基生叶，二或三回三出式羽状复叶，小叶菱状卵形或卵形，浅裂或有缺刻，叶脉及边缘有白色细毛。夏季开花，花白色，复伞形花序。双悬果矩圆形，侧棱有宽翅，边缘为淡紫色。根肥大，长略呈圆柱形，下部有支根3～5条或更多，长15～25厘米，可入药，是最常用的中药之一。

　　关于当归名字的由来有好多说法。有的说，有妻子想念丈夫之意，因此有当归之名。也有的说，和当归的产地有关。

　　当归在生长前期，除干旱时适当浇水外，一般应节制用水。雨水过多，要及时疏沟排水，尤其是生长后期，田间不能积水，否则易引起烂根。种子浸种后如播于旱地，应注意当土壤过分干燥时，播种后需适当进行灌溉，否则会发生外渗作用而延迟发芽，失去浸种的意义。

　　当归对大肠杆菌、白喉杆菌、霍乱弧菌及α、β溶血性链球菌等均有抗菌作用。研究表明，当归外用能加速兔耳创面愈合，使局部充血、白细胞和纤维浸润，新生上皮再生，对局部组织有止血和加强末梢循环作用，说明当归有抗菌、消炎

开花时的当归　△

作用。临床上，可用于化脓性上颌窦炎、急性肾炎、髂静脉炎、硬皮病及牛皮癣等病症。当归的热水提取物对慢性风湿性病实验动物模型在其佐剂性关节炎急性发作时有明显的抑制作用。

但需要注意的是，口服常规用量的当归煎剂、散剂偶有疲倦、嗜睡等反应，停药后可消失。当归挥发油穴位注射可使病人出现发热、头痛、口干、恶心等反应，可自行缓解。

当归的药性有点燥烈，所以阴虚的人在使用时，一定注意要加上其他的药来"管住"当归燥烈的药性，不然服用者会上火。阴虚就是有内热，阴虚的判断症状为口干、舌燥、眼睛干、五心烦热、腰膝酸软等。大便滑泻者不适用，血虚者也不适用。当归对孕妇而言有安胎作用，但须慎用。

什么样的当归算最好的呢？应该是干货。其外部特征是上部主根圆柱形，下部有多条支根，表面棕黄色或黄褐色，断面黄白色或淡黄色，具油性，气芳香，味甘微苦，无杂质、虫蛀、霉变。

成熟的当归　△

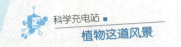

五　有故事的植物

　　植物都是各有特点，各有自身的故事。有的植物有毒，有的植物能杀死它邻近的植物，有的植物是长在空中的，有的植物没有根，有的植物能洗衣服等等。这些植物的故事非常有意思，了解这一切，你就会对植物的世界感兴趣。

1 毒木之王——箭毒木

　　箭毒木，桑科，常绿乔木，有白浆，多分布于赤道热带地区。产于中国广西、海南和云南南部；印度和印度尼西亚也有分布。

　　箭毒木的白浆有剧毒，一旦经伤口进入血液，就有生命危险，是一种剧毒植物，所以人们又称它为"见血封喉"。但它也有很好的药用价值，是国家三级保护植物。

　　箭毒木树型高大，枝叶四季常青，生于丘陵或平地树林中，是自然界中毒性最大的乔木，有"林中毒王"之称。过去当地民族将箭毒木的白浆与其他毒药混合，涂在箭头上，用于狩猎。据说，凡被射中的野兽，上坡的跑七步，下坡的跑八步，平路的跑九步，就必死无疑，所以当地人称为"七上八下九不活"。但兽肉仍可食用，没有毒性。

　　箭毒木的树汁洁白，却奇毒无比，见血就要命。人中毒的主要症状有肌肉松弛、心跳减缓，最后心跳停止。动物中毒症状与人相似，中毒后20分钟至2小时内死亡。它的毒性远远超过有剧毒的巴豆和苦杏仁等。

　　红背竹竿草生长在箭毒木根部的四周，可以解箭毒木的毒，外形与普通草无异，只有少数黎族老人才认得这种草。

　　据史料记载，1859年，东印度群岛的土著民族在和英军交战时，把箭头涂有箭毒木汁液的箭射向来犯者，起初英国士兵不知道这箭的厉害，中箭者仍往前冲，但不久就倒地身亡，这种毒箭的杀伤力使英军惊骇万分。

　　关于箭毒木，还有这样的传说：在云南省西双版纳最早发现箭毒木汁液含有剧毒的是一位傣族猎人。有一次，这位猎人在狩猎时被一只硕大的狗熊紧逼而被迫爬上一棵大树，可狗熊仍不放过他，紧追不舍，在走投无路、生死存亡的紧要关头，这位猎人急中生智，折断一根树枝刺向正往树上爬的狗熊，结果奇迹发生了，狗熊立即落地而死。从那以后，西双版纳的猎人就学会了把箭毒木的汁液涂于箭头用于狩猎。

　　据分析，箭毒木的主要成分具有强心、加速心率、增加血液输出量的功能，是一种有较好开发前景的药用植物。科学家将箭毒木的毒汁进行提炼，分离出了强心苷。强心苷是救命的良药，此类药物小剂量使用时有强心作用，能使心肌收缩力加强，但是大剂量使用时能使心脏停止跳动。

枝繁叶茂的箭毒木　△

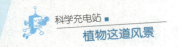

2 植物杀手——菟丝子

　　菟丝子是一年生寄生草本植物，茎缠绕，橙黄色，纤细，直径约1毫米。多分支，随处可生出寄生根。叶退化或无。夏秋开花，花细小，白色，常簇生于茎侧。分布于华北、华东、中南、西北及西南各省。

　　菟丝子是一种生理构造很特别的寄生植物，它的细胞中没有叶绿体，不能进行光合作用，必须依赖其他的植物提供营养才能生存。它能利用爬藤状构造攀附在其他植物上，并且从接触宿主的部位伸出尖刺，戳入宿主直达韧皮部，吸取养分以维持生活状态，更进一步还会在组织中将营养物质储存成淀粉粒。因此，人们管它叫"植物的吸血恶魔"。

　　当然，植物间的相互绞杀现象在别处也有。植物学家在巴拿马的热带森林中发现，有些大树的周围有不少小树和藤本植物会先后死去，这就是因为该区域炎热多雨，植物之间争夺阳光和土壤等养分，大树长出巨大的根，而形成的压力会毁坏"邻居"的树根，甚至把小树连根一起挤出地面。

　　菟丝子主要以种子和断茎繁殖。其种子含脂肪油和淀粉，可入药，有补益肝肾的功效，主治肾虚阳痿、遗精、遗尿、胎动不安等症。

　　菟丝子有成片群居的特性，故在野外极易辨识。它所寄生的植物范围很广，在新疆仅田野菟丝子就有100多种植物可以供其寄生。植物被寄生后，不仅产量减少，品质降低，而且有可能被传染植物病毒。

　　夏秋季是菟丝子生长的高峰期，开花结果于11月份。靠鸟类传播种子，或成熟种子脱落于土壤，再经人为耕作进一步扩散；另一种传播方式是借寄主树冠之间的接触由藤茎缠绕蔓延到邻近的寄主上，或人为将藤茎扯断后有意无意地抛落在寄主的树冠上。

　　关于菟丝子名字的由来有这样一个传说。从前，有个养兔成癖的财主，雇了一名长工为他养兔子，并规定：如果死一只兔子，要扣掉他四分之一的工钱。一天，长工不慎将一只兔子的脊骨打伤。他怕财主知道，便偷偷地把伤兔藏进了豆地。事后，他却意外地发现伤兔并没有死，并且伤也好了。为探个究竟，长工又故意将一只兔子打伤放入豆地，并细心观察。他看见伤兔经常啃一种缠在豆秸上的野生黄丝藤。长工大悟，原来是黄丝藤治好了兔子的伤。于是，他便用这种黄丝藤煎汤给有腰伤的爹喝，结果爹的腰伤也好了。接着，他又通过几个病人的试用断定黄丝藤可治疗腰伤病。不久，这位长工辞去了养兔的活计，当上了专治腰伤的医生。后来，他把这种药干脆就叫"兔丝子"。由于它是草药，后人又在兔字头上面冠以草字头，便叫成"菟丝子"。

因为菟丝子有滋补作用，制药及临床需要量大，而其产量又低，产生了供求失衡现象。所以菟丝子是各个药材市场上抽检不合格率最高的品种之一，混淆品、伪品层出不穷。

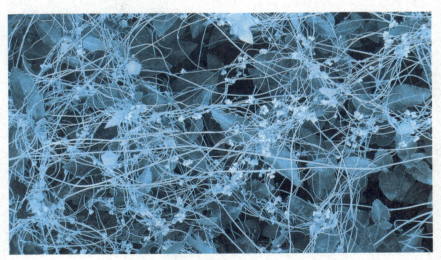

群居时的菟丝子 △

3
各类特殊的树之一

A. 会洗衣服的树

普当树是生长在阿尔及利亚碱性土壤中的一种常绿乔木。这种树的树干高大，粗枝阔叶，姿态雄伟。它的树皮，上下全是赭红色，远看很像是刷了红漆的柱子。

普当的树皮上有许多细孔，因为其生长环境中的土质碱性较重，而阔叶的蒸腾作用大，从根部吸收的水分很多，所以吸收的碱性物质会影响其正常的生理活动，细孔便是排碱用的，这种结构可以帮助它化险为夷。普当通过这种排碱行为达到了生理平衡，有利于自身的生长发育，是生物适应性的一种表现形式，也是自然选择的结果。

普当　△

同时，细孔会流出黄色的汁液，其主要成分是碱，是很好的洗涤剂，能够除去衣服上的油渍或污垢。所以，当地居民把脏衣服捆在树上，几小时后用清水漂洗一下就非常洁净了。在小河畔或溪流边，时常可以见到姑娘们笑语喧哗，活跃在红树绿叶之间，肩负衣物，来请"洗衣树"帮忙。

除了普当可以洗衣服外，还有一种树也有这样的功能呢！它就是皂角树。生长在农村的人们一定会注意到，它长得又高又大，像个庞然大物，身上却长满了坚硬的刺，秋天的时候，树上挂满了皂角，在皂角的荚皮中含有皂荚素，正是这种皂荚素，能像肥皂一样产生泡沫，洗除衣服上的污垢。此外，皂角里含有皂荚素和生物碱，这种物质能用来制造农药，防治农业病虫害。

B. 会说话的树

植物语言多种多样，当玉米缺水时，它的根部会发出一种微弱的声音，而树也一样。

会说话的树 △

在法国巴黎举行的一次农业展览会上，有一棵栽种在木桶里的柠檬树，它在缺水时就会说"我要喝水"，而且植物渴极了还会发出叫声，为此生物学家们作出这样的解释，当树木缺水时，体积会有微小收缩，木质部发出声音，将声音送入微处理机处理，从而产生语音信号。

植物的木质部主要是输水导管组成的复合体。正常情况下，导管中是充满水的，一旦缺水，植物就不得不尽力去吸收水分，木质部中的导管经受不住张力就会破裂，从而发出声音。树木因干渴而发出的声音，人耳是无法听见的，而趴在植物上面的害虫却能听见，听到后害虫就会马上逃跑。

树木之间的信号也是一种语言。当柳树遭到结网毛虫和天幕毛虫侵袭时，会改变所吸收养分的种类。同时向树叶大量分泌鞣酸，从而使叶子变涩，营养减少，滋味也会变得不好，这样对害虫失去吸引力而免受其伤害。与此同时，遭受虫的柳树通过发出一种挥发性的化合物质，向其身旁的伙伴们发出警告信号，身旁那些未受虫害的柳树接到警告后，也会同样改变其吸收营养的种类，使之发生抵抗害虫的变化。

4

食肉植物——猪笼草

　　听到它的名字，你应该就能想象到，它是一种什么外形的植物了。因为形状像猪笼，故称猪笼草。猪笼草拥有独特的吸取营养的器官——捕虫笼，捕虫笼呈圆筒形，下半部稍膨大，笼口上有盖子。在中国海南，又被称为雷公壶，意指它像酒壶。

成形的猪笼草 △

　　猪笼草是猪笼草属全体物种的总称。它因原生地土壤贫瘠，而只能通过捕捉昆虫等小动物来补充营养，所以成为食虫植物中的一员。

　　猪笼草是一种矮小的植物，它的叶子有非常长的叶柄，叶柄的下部宽而薄，中部变成细长的卷状，叶片本身则成为笼筒的盖。笼筒的口部能分泌蜜液，散发香味，以此来吸引一些小的昆虫，成为自己的美餐。

　　这类不从土壤等无机界直接摄取和制造维持生命所需营养物质，而依靠捕捉昆虫等小动物来谋生的植物被称为食虫植物。

　　猪笼草虽然有野生分布，但很少应用。20世纪90年代以后，我国才从国外引进猪笼草优良品种，主要用于花卉展览。

　　猪笼草是分布于热带地区的藤本植物。在马来群岛的婆罗洲和苏门答腊岛上存在着大量形态多样性极高的猪笼草，尤其是在婆罗洲的山地雨林中。但大多数猪笼草都为当地的特有种，甚至只出现于几个山区中。由于它们分布范围的狭窄和当地交通的不便，导致部分猪笼草很难再次于野外观察到。猪笼草以其原生地海拔（以海拔1 200米为标准）

的不同，分为低地猪笼草和高地猪笼草。低地地区的气候全年常炎热潮湿，因此低地猪笼草对温差没有过多的要求；而高地地区的气候全年则为白天温暖，晚上凉爽，因此高地猪笼草的生长需要一个温差较大的环境。大多数猪笼草的生活环境的湿度和温度都较高，并具有明亮的散射光。一般为森林或灌木林的边缘或空地上。

种植猪笼草的主要目的是观赏其奇特的捕虫器官——捕虫笼。猪笼草的捕虫笼发育自笼蔓的末端。当一片新的叶片生长出来时，在笼蔓的末端便已带有一个捕虫笼的雏形。在初期，这个雏形的表面覆有一层毛被，在成长的过程中会逐渐脱落。捕虫笼的雏形一开始是黄褐色，扁平的，长到1~2厘米时，渐渐转为绿色或红色，并开始膨胀。在笼盖打开前，捕虫笼上就已出现了其特有的颜色、花纹和斑点。笼盖打开后，笼口处的唇会继续发育，变宽变大，并会向外或向内翻卷。同时唇开始呈现色彩，某些笼的唇上会带有不同颜色的条纹。此时的捕虫笼已成熟，约几天后即可观察到有昆虫落入其中。

在东南亚地区，当地人会将苹果猪笼草的捕虫笼作为容器烹调"猪笼草饭"。他们将米、肉等食材塞入捕虫笼中进锅蒸熟。"猪笼草饭"的做法类似粽子，是一种当地特色食品，很具有东南亚风味。

初期的猪笼草 △

5

寄托情思——相思豆

　　相信大家都会记得唐代诗人王维的诗《相思》："红豆生南国，春来发几枝。愿君多采撷，此物最相思。"这首五言绝句，借物抒情，使红豆成为相思豆，红豆树也被后人称为相思树。

　　红豆树，属落叶乔木，高5～10米，是观果植物。嫩枝微被柔毛。二回羽状复叶，具短柄；叶柄和叶轴被微柔毛，无腺体；羽片3～5对，小叶4～7对，互生，长圆形或卵形，长2.5～3.5厘米，宽1.5～2.5厘米，先端圆钝，两面均被微柔毛。种子近圆形至椭圆形，长5～8毫米，宽4.5～7毫米，鲜红色，有光泽。花期4～7月，果期7～10月。

　　由于它原产于热带地区，喜欢高温高湿环境，因此对冬季温度的要求很严，在有霜冻出现的地区不能安全越冬。喜温暖湿润气候、喜光，稍耐阴，对土壤条件要求较严格，喜土层深厚、肥沃、排水良好的沙壤土。多生于山沟、溪边、林中或栽培于庭园。在我国，分布于福建、台湾、广东、海南、广西、贵州、云南等地。

　　红豆树开花和结果没有一定规律，有的树要几十年才能开花一次，开花后不一定结果，因此它成为稀有珍品。豆粒完整、颜色深红、大小均匀、紧实薄皮的红豆为佳品；其颜色越深，表示铁质含量越高，药用价值越大。

　　干红豆可用有盖的容器装好，放于阴凉、干燥、通风的地方保存。清洗红豆时可将其装于盆中，放适量清水，搅洗一两遍，倒去杂质即可。

　　播种前首先要对种子进行挑选，种子选得好不好，直接关系到播种能否成功。最好是选用当年采收的种子，种子保存的时间越长，其发芽率越低。

　　红豆为朱红色，有的一端黑色，或有黑色斑点。红豆从不褪色，像一粒心形的红宝石，如你仔细观察会发现，它的红色由边缘向内部逐渐加深，最里面特别红的部分又呈心形，真是大心套小心，心心相印。所以，历来将红豆视为爱情或相思的象征及信物。

少男少女用五色线串相思豆做成饰品，佩戴于身上，有心想事成之意，佩戴于手上，有得心应手之意，或用以相赠，增进情谊，使得爱情永久。男女婚嫁时，新娘在手腕或颈上佩戴鲜红的相思豆所串成的项链或手链，以象征男女双方心连心白头偕老。夫妻枕下各放六颗许过愿的相思豆，有保夫妻同心、百年好合之意。

关于红豆的来历有个传说。相传古代有位少妇，因思念出征战死于边塞的夫君，朝夕倚于门前树下恸哭，泪水流干了，眼里流出了血，血泪染红了树根，于是就结出了具有相思意义的红色小豆子，大家就将它称为相思豆。

红豆树是国家三级保护植物，多见于海拔200～900米之间低山丘陵的林缘、河边和村落附近，是在长江以南的"南国"分布较广的一个树种，属于被子植物门双子叶植物纲，红豆树是优质木材，同红木、紫檀可以相比，能制作珍贵家具。

相思豆 △

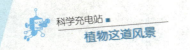

6
摇钱树——药用丁香

药用的丁香，亦称丁子香、鸡舌，为双子叶植物，属桃金娘科。

丁香原产马鲁古群岛，在热带地区广泛栽培，现主产于坦桑尼亚、马来西亚、印度尼西亚等地，中国广东、广西、福建、云南等地也有栽培。在坦桑尼亚，丁香种植园面积十分广阔，占世界总产量的80%及以上，是当地主要的出口物资，每年给当地人民带来大量的外汇，因此，他们称丁香为"摇钱树"。

桃金娘科的丁香通常为常绿乔木或灌木，高可达20米；嫩枝通常无毛，有时有2~4棱；叶对生，少数轮生，卵状长椭圆形，叶片革质，羽状脉常较密，少数为疏脉，有透明腺点；有叶柄，少数近于无柄；夏季开花，花淡紫色，芳香，聚伞状圆锥花序；浆果长倒卵形至长椭圆形。

丁香有许多用途，有重要的药用价值。

丁香入药从古至今均分有"公丁香"与"母丁香"。实际上，"公"与"母"的区别不是根据植物的生殖器官来划分的，而是根据不同的采收时节来区别的。所谓"公丁香"是指花蕾期采收的花蕾，而"母丁香"是指果熟期采收的果实。"母丁香"长2~3厘米，直径0.6~1厘米，外表呈褐色，或带有土红色粉末，粗糙，表面有细纹。丁香花蕾初为白色，后转为绿色，当长到1.5~2厘米长时转为红色，这时就可以收获，干燥花蕾入药。

传统认为"公丁香"疗效更强，是一味很好的温胃药。

"公丁香"性温、味辛，功能温胃降逆，主治呃逆、胸腹胀闷疼痛等症。

丁香还可用于日常生活中。丁香有清洁口腔的作用，对牙痛、口腔溃疡有一定的疗效。取丁香1~2粒含口中用以治疗口臭的方法现今仍可用，且疗效甚佳。相传，唐代著名的宫廷诗人宋之问常用丁香以解其口臭。由此，有人趣称丁香为"古代的口香糖"。此外，丁香还可用于烹调、制香烟添加剂、制焚香添加剂、制茶等。

丁香花　△

由丁香花蕾所得的丁香油，其主要成分是丁香油酚和丁香烯。野生丁香还含有丁香酮。

丁香油不仅是一种重要的香料，而且还有许多其他用途。例如，可以用来治疗烧伤；稀释后的丁香油也可用于疮、痈、疔、疖等皮肤创伤，有消肿抗炎、促进愈合的作用；可作为治疗口腔病的止痛剂；将用丁香调制的按摩油抹于太阳穴，能减缓发胀型头痛。但丁香油不可直接用于泡澡，若要使用盆浴或足浴时，需与其他物质混合后再滴入水中以免刺激皮肤。

7

各类特殊的树之二

A. 会笑的树

在神秘的自然界，有各种各样的怪事，你见过会发出笑声的树吗？在非洲卢旺达首都基加利的一个植物园就有这种奇特的树。它能像人一样发出"哈哈"的笑声。不明底细的人，往往被这种笑声所迷惑，听到笑声却看不到发笑的人，当地人把这种树叫作"笑树"。它是一种小乔木，树干呈深褐色，叶子呈椭圆形，株高7～8米。

笑树为什么会笑呢？原来，笑树发笑的秘密在于它的果实。它的每个枝杈上都长着一个硬皮坚果，形状很像小铃铛。果壳既薄又脆，并且长满了斑点似的小孔；果皮内藏着坚硬的种子，种子成熟后会自行脱落在果壳里，并在里面自由滚动。每当风吹过，果实就会迎风摇动，种子碰撞着那些既薄又脆的外壳，便会发出"哈哈"的笑声，仔细一听，还真以为谁在开怀大笑呢！这种笑声与人的笑声十分相似，并且风越大，它的笑声就越高。

笑树这种会笑的功能，被人们巧妙地利用起来，把它种植在田边，每当鸟儿飞来的时候，听到阵阵笑声，以为是人来了，不敢降落，从而保护了农作物不受损害。

还有一种名叫紫薇的植物，又名无皮树、百日红，俗称"怕痒树"。为花叶乔木，由于花期特长，7~10月花开不断，故名百日红。

紫薇是树木中一个奇特的树种，它长大以后，树干外皮落下，光滑无皮。如果人们轻轻抚摸一下，立即会枝摇叶动，浑身颤抖，甚至会发出微弱的"咯咯"响动声。这就是它"怕痒"的一种全身反应，实是令人称奇。

其实，紫薇树怕痒的原因在于它的木质比较坚硬，最大的特点是枝干的根部和梢部差不多粗细，有别于一般树干下粗上细的特点，也就是说，紫薇树的上部比一般的树重，所以较易摇晃。当我们用手指挠它的枝干时，摩擦引起的振动很容易通过坚硬的木质传导到枝干的更多部位，于是就容易引起摆动。

B. 含羞树

含羞树，属含羞草科，常绿灌木，可高达5米。枝叶广展，枝干多刺。原产于热带美洲、东南亚国家。其"害羞"的原理与含羞草相似，只要一受到外力刺激，叶片就会有奇特的感应效果，很快闭合，犹如害羞的少女，故取名含羞树，是一种颇具观赏价值的园林植物。

含羞树主要分布于江河滩涂、沟渠砂砾地、田边地头、公路沿边。其生长环境不受条件限制，适应性强，种子萌发率高，生长繁殖速度快。一个月可生长50~60厘米。整丛长满钩刺，给生产管理带来不便。

含羞树苗　△

8
和平象征——橄榄

在一些国家交往中，凡要表示友好愿望时，总有摇橄榄枝或放飞和平鸽的场面。联合国的徽志也是一对橄榄枝托着地球的图案。橄榄枝象征和平，追根溯源，还要从《圣经》里那个"诺亚方舟"的神话故事说起。

远古时的一天，上帝发觉人类的道德意识越来越糟，几乎到了不可救药的地步。于是，决定用洪水把人类全部吞没。但是，上帝想到世界上总得有生物存在，于是就派了使者到人间仔细查访情况，以便确定准予生存的对象。当使者报告有一对叫诺亚的夫妇道德良好时，上帝就把生的权利赐给他俩：事先通知诺亚夫妇，准备好一只方形大木船，备足干粮和饮水，并将各种动物挑选一对载于船上。接着洪水来了，世界上的生物都未能逃脱这场灾难，只有诺亚的方舟安全漂流。过了很久，洪水消退，远处出现了高山、岛屿、空地。诺亚夫妇十分高兴，首先将船上的一对鸽子放飞蓝天，给它们以自由。但过了不久，鸽子又飞回来了，并衔着一根翠绿色的橄榄枝，这似乎是一个信息：大地恢复生机了，一切都和平了！

此后，橄榄枝就成为"和平"的代名词，鸽子也被人们称为"和平的使者"，并被人们称为"和平鸽"。

橄榄，橄榄科，常绿乔木。又名青果，因果实尚呈青绿色时即可供鲜食而得名。中国以广东、福建栽培最多，广西、台湾次之，浙江、四川、重庆亦有栽培。果实因富含钙质和维生素C，食用后对人有益。此外，在中医学上，橄榄果还可用为清肺利咽药，主治咽喉肿痛。种子称"榄仁"，可榨油或食用。橄榄还是难得的美容产品。

在生产实践中有"桃三李四橄榄七"的说法，也就是说，橄榄需栽培7年才挂果，成熟期一般在每年的10月左右。新橄榄树开始结果很少，每棵仅生产几千克，而且在25年后产量才会显著增加，多者可达500千克。橄榄树每结一次果，次年一般会减产，休息期为一至两年。故橄榄产量有大小年之分。

　　青果成熟于冬季，为冬春季节稀有应市果品。果实为硬壳肉果，呈纺锤形，初食略有酸涩苦感，久嚼后味转清甜，满口生津，余味无穷。经蜜渍后香甜无比，风味宜人，有助于消化，是茶余饭后的食用佳品。除供鲜食外，它还可加工成五香橄榄、丁香橄榄、甘草橄榄等。

　　橄榄是著名的亚热带特产果树。福建是我国橄榄分布最多的省份之一，但平均亩产与柑橘、枇杷、龙眼相比，差距仍很大。

　　自古以来，闽清出产的橄榄在品质药用功效上都具有不可比拟的优势，被誉为"闽清三宝"之一，自唐代以来，被列为贡品。其中以鲜食为主的檀香橄榄为果中极品，可以用于生吃、药用、保健，尤其对咽喉肿痛有很好的治疗作用。另外，对降低中老年人的"三高"也特别有效。

成长中的橄榄 △

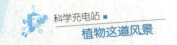

9

英雄树——木棉

　　木棉，属木棉科，又名攀枝花、红棉树、英雄树。落叶大乔木，可高达25米。树干直，树皮灰色，枝干均具短粗的扁圆形大刺，后渐平缓成突起。掌状复叶，互生，小叶5～7枚，长椭圆形，全缘，无毛。种子多数，光滑。

　　该种植物产于福建、广东、海南、广西、云南及四川金沙江流域；越南、缅甸、印度至大洋洲各地区亦有分布。木棉树形高大、雄壮魁梧，枝干舒展，花红如血、硕大如杯，盛开时叶片几乎落尽，远观好似一团团在枝头尽情燃烧、欢快跳跃的火苗，极有气势。因此，历来被人们视为英雄的象征。

　　木棉树有一种特质，那就是一定要长得高过其他树木，以吸收最好的阳光，所以有"森林中的露头树"之称。

　　木棉花较大，色橙红，极为美丽，可供欣赏。古代广州木棉树种植甚广，其中以南海神庙前的十余株最为古老。每年旧历二月，木棉花盛开，每天来观者达数千人，场面热闹。

　　为了熬过严冬，木棉树会"脱"去树叶，光秃秃的看似死亡，而树干里却蕴含着无限的生命力，等候春天的来临。早春二、三月，萧瑟的枯枝上先是绽放出满树火红，接着新芽才萌发。开花时，叶子便会脱落，只显示出花朵的美丽及壮观。木棉花落后长出蒴果，长椭圆形，内壁具绢状纤维，成熟后果荚开裂，果中的棉絮随风飘落。朵朵棉絮飘浮于空中，如飘雪一般，别有一番情趣。木棉棉絮质地柔软，可絮茵褥，是古代中国的重要织衣材料。在棉絮团中，一般藏有一颗黑色的种子，棉球随风滚动，一遇到潮湿的土地便吸水而落地生根。木棉适宜生长在温暖干燥和阳光充足的环境，不耐寒、稍耐湿、忌积水。该种植物还具有耐旱、抗污染、抗风力强的特性。具有深根性，生长快，萌芽力强。生长的最适温度为20～30℃，冬季温度不低于5℃，以深厚、肥沃、排水良好的砂质土壤为宜。

关于木棉，要注意古今区别，元朝以前，中国古代所指木棉皆为棉花，元代官修的《农桑辑要》中详述了棉花种植技术，其中所记："苎麻本南方之物，木棉亦西域所产。近岁以来，苎麻艺于河南，木棉种于陕右，滋茂繁盛，与本土无异。二方之民，深荷其利。遂即已试之效，令所在种之。"

木棉花也可入药，把新鲜掉下来的木棉花晒干，可解毒清热、驱寒祛寒，还可用干木棉煮粥或煲汤。

早在1931年（另一说法是1935年），木棉花曾被定为广州市市花。1982年6月，广州市人民政府再次将木棉花定为市花，更加深了广州市民对木棉的青睐和尊敬。

木棉花　△

10 可以食用的树——面包树

大家都知道，人们常吃的面包是用麦子面粉加工而成的。而在东南亚及南太平洋一些岛屿上，当地居民所吃的面包，却不是用麦子做成的，而是直接从树上采摘下来的。这种能结"面包"的神奇树木，当地人称为"面包树"。

面包树的神奇之处就在于，将它的果实在成熟时摘下后，放在火上烤熟，就可以像面包一样直接充饥。风味类似面包，因此而得名。其食用价值可与山芋相比。

面包树还有过重大的贡献呢！当年，在印度人抗击美国侵略的战争中，当地的游击队就是靠着这些神奇的面包果，才解决吃饭问题的。

面包树，又称"面包果"，桑科，为常绿乔木，高达20～30米。其树干粗壮，枝叶茂盛，叶大而美，一叶三色。植物体含有汁液，初为白色，成熟时为黄色。果实于8月成熟，每个果实是由一个花序形成的聚花果，果肉充实，味道香甜，营养丰富，含有大量的淀粉、维生素A、维生素B及少量的蛋白质、脂肪。

面包树原产于太平洋的波利尼西亚，广泛分布于热带地区；中国华南有栽种。果实为西印度群岛的重要食品，木

面包树植株 △

材供建筑用。岛国萨摩亚位于太平洋南部，全境由萨瓦伊岛和乌波卢两个主岛和七个小岛组成，风情独特，传说中颇为神奇的面包果就生长在这里。萨摩亚人的生活十分清闲，整个国家的工业和农业都发展得很缓慢。萨摩亚的首都阿皮亚所在的乌波卢岛，无论是高山峰峦，还是低谷深壑，处处荆棘丛生，唯独难觅的就是庄稼和果园，到处可以看到植物面包果。

面包树不仅是一种木本粮食植物，而且可供观赏，适合作为行道树、庭园树木栽植。我国南方有些公园种有面包树，只供观赏用。近年来在北京的某些花园里也可见到面包树。

面包树在适宜的条件下易成活，因其高产，所以是某些区域解决饥荒的重要办法。果实中的淀粉含量非常丰富，食用前通常以烘烤或蒸、炸等方法料理。一棵面包树一年可结实200颗，是食用植物中产量最高的品种之一。

面包果 △

六　　世界珍稀植物

珍稀物种，是指在经济、科学、文化和教育等方面具有重要意义而现存数量稀少的物种，是自然保护的重要对象。珍稀物种有助于人们了解自然环境形成的历史背景、研究物种濒危的原因及应采取的措施。

1 活化石——水杉

水杉，杉科水杉属唯一现存种，落叶大乔木。树皮剥落成薄片。侧生小枝叶对生，羽状。种子扁平，周围有翅。水杉为中国特产的孑遗珍贵树种，是第一批列为国家一级保护植物的稀有种类，有植物王国"活化石"之称。

1941年，林学家王战教授在四川万县磨刀溪旁发现了三棵从未见到过的奇异树木，其中最大的一棵高达33米，胸径达2米。当时谁也不认识它，甚至不知道它应该属于哪一属、哪一科。一直到1948年，由植物学家胡先骕和林学家郑万钧共同研究，确定该树是水杉，这个发现轰动了世界的植物界。

已经发现的化石表明，水杉在晚白垩纪时广泛分布于北美、西欧、俄罗斯西伯利亚、日本北部以及中国东北地区，至第三纪时，逐渐南下，但在第四纪冰期以后，同属于水杉属的其他种类已经全部灭绝，仅存水杉一种。而中国川、鄂、湘边境地带因地形走向复杂，受冰川影响小，使水杉得以幸存，成为旷世的奇珍。

水杉的树干通直挺拔，枝向侧面斜伸出去，全树犹如一座宝塔。它的枝叶扶疏，树形秀丽，既古朴典雅，又肃穆端庄，树皮呈赤褐色，叶子细长，很扁，向下垂着，入秋以后便脱落。

近几年，人们在水杉的栽培过程中，又选育出了在整个生长期叶片都是金黄色的彩叶水杉品种——金叶水杉。其叶片在整个生长期内，都始终呈现出鲜亮的金黄色，是水杉系列的新优彩叶乔木品种。金叶水杉的管理条件、长势等与普通水杉没有太大的差异。而因其独特的黄色叶片，又保留了普通水杉的树形与优点，因此目前是杉科水杉属植物中最名贵的彩叶树品种。

现今，水杉天然分布于重庆万县及石柱、湖北利川和湖南龙山及桑植，垂直分布一般为海拔800～1 500米。国内外多引种，北京植物园樱桃沟中亦有生长。它对于古植物、古气候、古地理和地质学，以及裸子植物系统发育的研究，均有重要的意义。

路边的水杉 ▽

水杉不仅是著名的观赏树木，同时也是荒山造林的良好树种，它的适应力很强，生长极为迅速。在幼龄阶段，每年可长高1米以上。水杉的经济价值很高，其心材紫红，材质细密轻软，是造船、建筑、桥梁、农具和家具的良材，同时还是质地优良的造纸原料。此树种为我国特产，它喜光，喜湿润，播种或插条均能繁殖，是园林绿化的理想树种。

金叶水杉 ▽

在中国56个民族中，有一个民族与水杉的保护息息相关，这就是土家族。水杉自然分布在武陵山区的鄂西、湘西、渝东所形成的极为狭窄的三角形地带，这个地带也是土家族的主要聚居地。土家族人一直把它当成宝树，当作成就土家族的天梯来珍惜和爱护。

2

伞树——望天树

　　望天树，又名擎天树，龙脑香科柳安属植物。常绿大乔木，树干通直修长，高可达70米，1975年由中国云南省林业考察队在西双版纳的森林中发现，是近年来发现的一个新种。柳安属共有11名成员，大多分布在东南亚一带，望天树是只有在中国云南才生长的特产珍稀树种。

　　望天树的所在地大部分为原始沟谷雨林及山地雨林。它们多成片生长，组成独立的群落，形成奇特的自然景观，是中国的一级保护植物。

望天树　△

生态学家们把它们视为热带雨林的标志树种。如果说望天树只是长得高，那当然不见得有那么珍贵，当然也无指望被列为国家一级保护植物了。它的名贵还在于它是龙脑香科植物，是热带雨林中的一个优势科。在东南亚，这个科的植物是热带雨林的代表树种之一。过去某些外国学者断言：中国十分缺乏龙脑香科植物，中国没有热带雨林，然而，望天树的发现，不仅使得这些结论被彻底推翻，而且还证实了中国存在真正意义上的热带雨林。

　　在云南省最南端勐腊县的补蚌国家自然保护区内，生长着40～70多米高的望天树，架设在望天树上的"空中走廊"把公路两旁的原始森林连接起来，可在广阔的视野中尽情地领略热带雨林的风光。沿着密林中的溪流，钻入幽深沟谷，还可观赏热带植物群落，森林里还生存着野象、野牛、长臂猿等30多种动物；生长着竹柏、石梓、苏铁、云南鸡毛松、西双版纳团花树等10多种珍贵树木，并有珍贵药用植物马钱子、美橙木、花叶龙血树等。

　　1986年10月，世界野生生物基金会会长、英国爱丁堡公爵菲利普亲王参观了西双版纳热带植物园，并亲手种植了一棵望天树。如今，这棵望天树已枝繁叶茂，亭亭如盖矣。

　　望天树树体高大，干形圆满通直，不分杈，树冠像一把巨大的伞。而树干则像伞把似的，西双版纳的傣族人因此把它称为"伞把树"。

　　考虑到望天树的种子寿命短，天然发芽成长为树十分困难，所以研究产地的幼树更新和易地栽培十分必要。望天树在西双版纳植物园、昆明植物园和华南植物园等地都已栽培成功。在那高大直插云霄的大树之间，以缆索连成通道，你可以经过通道从这棵树走到另一棵树。登高望远近的树木，热带雨林的景观，一览无余。这时你会感叹大自然的造化，如此望天树真是"望天"之树！

　　望天树树干高大而通直，材质优良，加工性能良好，是制造各种高级家具及用于造船、桥梁、建筑等的优质木材。最重要的是，望天树对研究我国的热带植物区系有重要意义。

望天树林　△

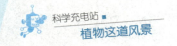

3
活化石——桫椤

在绿色植物王国里，蕨类植物是高等植物中较为低级的一类。从前，蕨类植物大都为高大的树木。后来由于大陆的变迁，多数被深埋地下变为煤炭。现今生存在地球上的大部分是较矮小的草本植物，只有少数的木本种类幸免于难，桫椤便是其中的一种。

桫椤是现存唯一的木本蕨类植物，极其珍贵，堪称国宝，被众多国家列为一级保护的濒危植物。

桫椤是古老蕨类家族的后裔，不仅可制作成工艺品和中药，而且是一种很好的庭园观赏树木。

桫椤 △

桫椤，又名树蕨，桫椤科大型蕨类植物，高可达8米。由于它是现今仅存的木本蕨类植物，极其珍贵，所以在国家重点保护野生植物名录（第一批）中，桫椤被列为二级保护植物。从外观上看，桫椤有些像椰子树，其树干为圆柱形，直立而挺拔，树顶上丛生着许多大而长的羽状复叶，向四方飘垂，如果把它的叶片反转过来，在背面可以看到许多星星点点的孢子囊群。孢子囊中有许多孢子。桫椤是没有花的，当然也就不结果实，没有种子，它就是靠这些孢子来繁衍后代的。桫椤株形美观别致，可供欣赏。

桫椤主要生长在热带和亚热带地区，东南亚和日本南部也有分布。在我国，湖南、江西、四川、西藏、云南、重庆、福建、广东、广西、贵州、海南、香港等地都有分布。

　　桫椤为半阴性树种，喜温暖潮湿气候，喜生长在冲积土中或山谷溪边林下。

　　在距今约1.8亿年前，桫椤曾是地球上最繁盛的植物，与恐龙一样，同属"爬行动物"时代的两大标志。但经过漫长的地质变迁，地球上的桫椤大都罹难，只有极少数在被称为"避难所"的地方才能追寻到它的踪影。闽南侨乡南靖县有一片亚热带雨林，它是中国最小的森林生态系统自然保护区，为"世界上稀有的多层次季风性亚热带原始雨林"，在那里有珍稀植物桫椤。

　　桫椤科在全世界共有6属500余种，产于热带、亚热带山地。

　　桫椤科植物是一个较古老的类群，中生代曾在地球上广泛分布。现存种类分布区缩小，且具较多的地方特有种。

　　由于桫椤科植物的古老性和孑遗性，它对研究物种的形成和植物地理区系具有重要价值，它与恐龙化石并存，在重现恐龙生活时期的古生态环境，研究恐龙兴衰、地质变迁具有重要参考价值。

中国桫椤　△

　　桫椤现存数量十分稀少，加之大量森林被破坏，致使其赖以生存的自然环境变得越来越恶劣，自然繁殖越来越困难，桫椤的数量更是越来越少，已处于濒危状态。中国早期公布的保护植物名录，也将桫椤与银杉、水杉、秃杉、望天树、珙桐、人参、金花茶等一道，列为受国家一级保护的珍贵植物（现将桫椤科全部种类列为国家二级保护植物），并在贵州赤水和四川自贡建立了桫椤自然保护区，广东也在五华县建立了旨在保护桫椤的七目嶂自然保护区。

4
鸽子树——珙桐

珙桐，又名水梨子，属珙桐科、被子植物。落叶乔木，可生长到20～25米高。叶宽卵形，边缘有锯齿。花期4～5月，花奇色美；果熟期10月，为世界著名的珍贵观赏树。本科植物只有一属两种，两种相似，只是一种叶面有毛，另一种是光面。

珙桐的材质沉重，是建筑中的上等用材，可制作家具和用作雕刻材料。

珙桐是距今6 000万年前新生代第三纪古热带植物区系的孑遗种，在第四纪冰川时期，大部分地区的珙桐相继灭绝，只有在我国南方的一些地区幸存下来，成为了植物界今天的"活化石"。此外，珙桐还有"植物界的大熊猫"、"和平使者"之称。现在珙桐被列为国家一级重点保护植物。

枝叶繁茂的珙桐 △

珙桐枝叶繁茂，叶大如桑，花形似鸽子展翅。由多数雄花与一朵两性花组成球形头状花序，宛如一个长着"眼睛"和"嘴巴"的鸽子脑袋；花序基部有两片大而洁白的总苞，苞片矩圆形或卵形，像白鸽的一对翅膀；黄绿色的柱头像鸽子的喙。当珙桐花开时，片片白色的总苞在绿叶中浮动，犹如千万只白鸽栖息在树梢枝头，振翅欲飞，并有象征和平的含意，因此被称为"鸽子树"。

开花时的珙桐　△

　　珙桐喜欢生长在深山云雾中，要求有较大的空气湿度。在我国，主要分布于湖北西部、湖南西北部、甘肃南部、四川、贵州及云南北部和东南部。常混生于海拔1 500～2 200米的常绿阔叶、落叶阔叶混交林中，偶有小片纯林。在四川省荥经县，发现了数量巨大的珙桐林，达10万亩之多。在桑植县天平山还发现了上千亩的珙桐纯林，这是目前发现的珙桐最集中的地方。自从法国神父戴维斯于1869年在四川穆坪发现珙桐以后，珙桐先后为各国所引种，大量栽植，以致成为各国人民喜爱的名贵观赏树种，为世界十大观赏植物之一。1904年，珙桐被引入欧洲和北美洲。在国内，珙桐也逐渐被引种到各地成为观赏植物。

　　由于人们对森林的破坏及对野生苗的挖掘，珙桐的数量逐渐减少，分布范围也日益缩小，若不采取保护措施，有被其他阔叶树种更替的危险。在有的分布区虽已建自然保护区，但无严格的保护措施。所以，在其他分布区设置保护点的同时，应制订具体的保护管理措施，积极开展引种栽培和繁殖试验，进行人工造林，扩大其分布区范围。

5

茶族皇后——金花茶

金花茶，山茶科山茶属，与山茶、南山茶、油茶、茶梅等为"孪生姐妹"，为常绿灌木或小乔木，高可达6米。枝条疏松，树皮淡灰黄色。花单生叶腋或近顶生，花瓣肉质，金黄色，开放时呈杯状、壶状或碗状。花期10～12月。叶深绿色，如皮革般厚实，狭长圆形。先端尾状渐尖或急尖，叶边缘微微向背面翻卷，有细细的质硬的锯齿。

1960年，中国科学工作者首次在广西南宁一带发现了一种金黄色的山茶花，并命名为金花茶。金花茶的发现轰动了全世界的园艺界，受到了国内外园艺学家的高度重视，认为它是培育金黄色山茶花品种的优良原始材料。据统计，在已知的20多种黄茶花中金花茶最富有观赏价值及山茶育种研究价值，它是山茶类群中独特的、最优秀的种质资源。

金花茶是中国广西的特产，广西因此被誉为"金花茶的故乡"。另外，金花茶也是世界性的名贵观赏植物，它的花金黄色，耀眼夺目，仿佛涂着一层蜡，晶莹而油润，似有半透明之感。花型形态多样、秀丽雅致。在亚热带地区，金花茶可植于常绿阔叶树群下或植荫棚中，以供观赏。金花茶也可直接用于室内外绿化，可创造出独具特色的优美景观。

金花茶喜欢温暖湿润的气候，多生长在土壤疏松、排水良好的阴坡溪沟处，常常和买麻藤、藤金合欢、刺果藤、楠木、鹅掌楸等植物共同生活在一起。

金花茶是一种古老的植物，极为罕见，分布范围极其狭窄，全世界90%的野生金花茶只生长在广

金花茶 △

西的十万大山兰山支脉一带的低缓丘陵，数量很有限，所以被列为国家一级保护植物。它生长于海拔700米以下，以海拔200~500米之间的范围较常见，垂直分布的下限为海拔20米左右。与银杉、桫椤、珙桐等珍贵"植物活化石"齐名，国外称之为"神奇的东方魔茶"，被誉为"茶族皇后"。

为了使这一国宝繁衍生息，中国科学工作者正在通力合作进行杂交选育试验，以培育出更加优良的品种。中国的昆明、杭州、上海等地已引种栽培。

金花茶还有较高的经济价值。如：花除用于观赏外，还可入药，用于治疗便血和妇女月经过多，也可作食用染料；叶除泡茶作为饮料外，也有药用价值，可治痢疾和用于外洗烂疮；种子可榨油食用或工业上用作润滑油及其他溶剂的原料。经调查，金花茶在民间一直被用于提神醒脑、清肝火、解热毒、养元气。另外，金花茶的木材质地坚硬、结构致密，可用于雕刻精美的工艺品及其他器具。

金花茶的果实 △

科学充电站 ●
植物这道风景

6

树中之象——海椰子

　　海椰子，亦称复椰子、海底椰，是塞舌尔群岛的一种特有棕榈。树高20～30米。树叶呈扇形，宽约2米，长可达7米，最大的叶面积可达27平方米，像大象的两只大耳。由于整座树庞大无比，所以也被称为"树中之象"。海椰子外面长有一层海绵状的纤维质外壳，剥开外壳后就是坚果。海椰子的一个果实重可达25千克，其中的坚果也有15千克，是世界上最大的坚果。海椰子的坚果好像是合生在一起的两瓣椰子，因此，塞舌尔人将其誉为"爱情之果"。

　　一棵海椰子树的寿命长达千余年，可连续结果850多年。这种树雌雄异株，一高一低相对而立，合抱或并排生长。雄树高大，雌树娇小，生长速度都极为缓慢，从幼株到成年需要25年的时间。雄树每次只开一朵花，花长1米有余。雌株的花朵要在受粉两年后才能结出小果实，待果实成熟又得等上七八年时间。有趣的是如果雌雄树中一棵被砍，另一棵便会"殉情"枯死，因此当地居民称它们为"爱情之树"。

　　海椰子坚果内的果汁稠浓至胶状，味道香醇，可食亦可酿酒。椰壳经雕刻镶嵌，可作装饰品。果肉细白，美味可口，滋阴壮阳，能治疗中风、精神烦躁等症；果肉熬汤服用，可治疗久咳不止，并有止血的功效。

　　1519年，马尔代夫的渔民出海时，发现西印度洋上漂着几颗形状像椰子的果实。渔民们以为是海里的某种植物结的果实，便取名"海椰子"。1743年，人们发现塞舌尔群岛的海椰子树，才知道海椰子原来是生长在陆地上的。

　　另一个关于海椰子的故事富有传奇色彩。塞舌尔属于热带雨林气候，暴风雨多，风雨交加的夜晚也是海椰子树雌雄株"约会"的好时机。每当这时，海椰子树的叶子发出巨大的"沙沙"声，人们传说那是雌雄株正在"亲热"。如果有人"幸运"地目睹了这一"浪漫时刻"，日后可要倒霉了，他会接二连三地碰上古怪事。所以，没人愿意成为海椰子树恋爱的"见证人"，即使有人听到传说中的"沙沙"声也不敢前去一探究竟。

海椰子 △

中国2010年上海世博会塞舌尔馆的"自然之灵"展区，参观者能看到以人造仿真海椰子林为主体的热带树丛，仿佛来到印度洋的海边，清新的海风扑面而来。海椰子巨大的叶子一片一片伸展开，仿佛张开怀抱欢迎参观者。

塞舌尔人民历来对中国人民怀有友好的感情。1978年，塞舌尔总统出访我国时，带来珍贵的海椰子果核，它就像一座桥梁，连接着中塞两国政府和人民的友谊。

7 植物熊猫——银杉

银杉，属裸子植物，松科。别名衫公子，是一种高十至二十几米的常绿乔木。枝平列，小枝有毛。叶两型，生长枝上的放射状散生，长4～5厘米，短枝上的轮生，长不到2.5厘米，均为条形。树皮暗灰色，裂成不规则的薄片；小枝上端和侧枝生长缓慢，浅黄褐色，无毛或初被短毛，后变无毛，具微隆起的叶。叶的下面有两条白色气孔带，每当微风吹拂，便银光闪闪，非常诱人，银杉的美称便由此而来！

银杉是中国特有的子遗树种，和水杉、银杏一起被誉为植物界的"国宝"，为国家一级保护植物。

银杉的主干高大通直，挺拔秀丽，枝叶茂密。植物体雌雄同株，雄球花通常单生于2年生枝叶腋；雌球花单生于当年生枝叶腋。球果两年成熟，呈卵圆形、长卵圆形或长椭圆形。

高大的银杉 △

银杉的分布区位于中亚热带，生于中山地带的局部山区。产地气候夏凉冬冷、雨量多、湿度大、多云雾，土壤为石灰岩、页岩、砂岩发育而成的黄壤或黄棕壤，呈微酸性。阳性树种，根系发达，多生于土壤浅薄，岩石裸露，宽通常仅2～3米、两侧为60°～70°陡坡的狭窄山脊，或孤立的帽状石山的顶部或悬岩、绝壁隙缝间。具有喜光、喜雾、耐寒、耐旱、耐土壤瘠薄和抗风等特性。在我国分布于广西龙胜，重庆南川金佛山、柏枝山，湖南新宁，贵州道真等地。

银杉是根据其叶子酷似杉形，叶背有两条平行白色气孔带的特征而取名的。在世界植物学界通用的拉丁学名中，银杉的学名（*Cathaya argyrophylla* Chun et Kuang）包含着两层意思：*Cathaya* 是属名，即银杉属，是"华夏"（中国）的古老简称。*argyrophylla* 是种加词，中文意思是"银色的叶"。在中国发现的银杉是世界幸存至今的唯一的一属一种。中国是世界上植物种类最丰富、古老孑遗种最多的植物"王国"，银杉便是这个"王国"的象征，是中国的国宝，被植物学家称为"植物熊猫"。

1957年，陈焕镛教授在苏联植物学年会上宣读了题为《论中国西部松科新属银杉属》的论文，并于1958年正式发表，银杉的发现引起了全世界植物界的强烈反响。银杉的发现为中国绿色宝库增添了一个新的特有物种，丰富了中国的植物区系和亚热带中山针叶林群系以及林带的垂直带谱系列，为中国植物学、地理学、地质学、古生物学、气象学、林学等学科的研究提供了活材料。在地质时期的新生代第三纪，银杉广泛分布于北半球的亚欧大陆，在德国、波兰、法国及苏联曾发现过它的化石，但是，距今200万～300万年前，地球覆盖着大量冰川，几乎席卷整个欧洲和北美，但欧亚的大陆冰川势力并不大，有些地理环境独特的地区没有受到冰川的袭击，而成为某些生物的避风港。银杉、水杉和银杏等珍稀植物就这样被保存了下来，成为历史的见证者。

银杉丛林

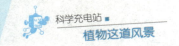

8

白果树——银杏

　　银杏，银杏科，落叶乔木，高可达40米。叶折扇形。种子椭圆形或倒卵形。雌雄异株。4月开花，10月成熟。

　　银杏树生长较慢，寿命极长，在自然条件下从栽种到结果要二十多年，四十年后才能大量结果，因此又称为"公孙树"，有"公种而孙得食"的含义，是树中的老寿星，古称"白果"。中国有3 000年以上的古树。

　　银杏树具有观赏、经济、药用价值，全身是"宝"。银杏树是第四纪冰川运动后遗留下来的最古老的裸子植物，是世界上十分珍贵的树种之一，和它同纲的其他植物皆已灭绝，号称活化石。

　　银杏植物体上有许多较为原始的特征。它的叶脉形式为"二歧状分叉叶脉"，在裸子植物中绝无仅有，但在蕨类植物中却很常见。它的雄花花粉萌发时仅产生两个有纤毛、会游动的精子。这一特征在裸子植物中仅苏铁有，而在蕨类植物中也很普遍。这就说明，银杏是一种比松、杉、柏等树木更为古老的植物。

　　银杏最早出现于石炭纪，曾广泛分布于北半球的欧洲、亚洲、美洲，中生代侏罗纪银杏曾广泛分布于北半球，白垩纪晚期开始衰退。至发生了第四纪冰川运动，地球突然变冷，绝大多数银杏类植物濒于绝种，在欧洲、北美和亚洲绝大部分地区灭绝，只有中国的自然条件优越，才奇迹般地保存下来。所以，银杏被科学家称为"活化石"。银杏的分布区大都属于人工栽培区域，主要大量栽培

银杏果 △

于中国、法国和美国南卡罗来纳州。毫无疑问，国外的银杏都是直接或间接从中国引入的。

在中国，银杏主要分布于温带和亚热带气候区内。山东郯城为银杏苗木及银杏叶主产区，是中国各大城市绿化苗木的主要供应基地。"泰兴大佛指白果"被1999年昆明世博会指定为唯一享有永久性冠名权的"无公害白果"，2007年被授予绿色食品、有机食品、地理标志产品的称号。

世界上最大的银杏树在贵州福泉，这棵银杏树为雄性，树龄大约有6 000年，基径为5.8米，比一般的客厅还宽，该树的一代树已经死去了，心已经空了，外围是二代树。树高50米，要13个成年人才能围抱住，该树在2001年被载入上海吉尼斯纪录，誉为"世界最粗大的银杏树"。

1983年，成都市正式命名银杏树为市树。在成都十大最老古树中，有8株都为银杏。位于成都市市中心天府广场西侧，两株古银杏树已有300多年的树龄，目睹了城市的沧桑变迁。

白果的价值主要体现在食用和药用方面，中国白果产量占世界总产量的90%，银杏的叶、果是出口创汇的重要产品。银杏叶中的提取物是防治高血压、心脏病的重要医药原料。但白果不宜多吃，更不宜生吃，而且已发芽的银杏种仁是不能食用的。此外，银杏种仁忌与鱼同食。

在中国的名山大川、古刹寺庵，无不有高大挺拔的古银杏，它们历尽沧桑、遥溯古今，给人以神秘莫测之感，历代骚人墨客涉足寺院留下了许多诗文辞赋，镌碑以书风景之美妙，文载功德以自傲。

银杏树 △

9 唯有一株的植物——普陀鹅耳枥

普陀鹅耳枥，桦木科，落叶乔木。雌雄同株，雄花序短于雌花序。雄、雌花于春季开放，果实于9月底10月初成熟。用种子繁殖，因种子寿命短，不耐贮藏，成苗率不高，所以幼苗纤弱须遮阴。该树种根系发达，具有耐阴、耐旱、抗风等特性，是中国特有的珍稀植物，现仅存一株，在物种保存和自然景观方面都有重要意义，是国家一级保护濒危种。

普陀鹅耳枥为中国特有种，只产于舟山群岛中的普陀岛。由于植被破坏，生态环境恶化，目前仅有一株存活于该岛的佛顶山。因开花结实期间常受大风侵袭，种子即将成熟时，又受台风影响而多被吹落，致使结实率很低，更新能力极弱，树下及周围不见幼苗，濒临灭绝。

普陀是著名的佛教圣地，参观过普陀寺庙的人不会忘记院内的那一棵大树——普陀鹅耳枥。因数量极少，仅此一株，所以当地已加大了保护力度，但是更重要的是要加大对该树种的结种与繁殖的研究力度。普陀山是我国的重点自然风景保护区，政府对物种的保护极为重视，为了防止游人攀折，最近已在植株周围加坝围护，并在杭州植物园引种栽培，进行各种繁殖试验。

普陀鹅耳枥长期生活在云雾较多、湿度较大的生态环境中，最初多生长在以蚊母树为优势种的常绿阔叶林内。分布区受海洋气候影响，全年冬暖夏凉，年平均温度为16.3 ℃。普陀山气候温和、雨量充沛、土壤肥沃，树木生长旺盛，植被资源丰富，森林覆盖率达70%以上，有"海岛植物园"之称，适宜该物种生长。1990年，国家林业局批准在普陀山兴建森林公园，有八种名贵树木被列为国家重点保护植物，有百年以上名木1 329株，普陀鹅耳枥便是其中之一。

普陀鹅耳枥是1930年5月由中国著名植物分类学家钟观学教授首次

在普陀山发现的，后由林学家郑万钧教授于1932年正式命名。据说，在20世纪50年代以前，该树在普陀山并不少见，可惜渐渐"死于非命"，只留下这一株。遗存的这株"珍树"高约14米，胸径60多厘米，树皮灰色，叶大呈暗绿色，树冠微偏。它虽历经风雨沧桑，却依然枝繁叶茂、挺拔秀丽。

普陀鹅耳枥 △

10
地球独生子——天目铁木

　　天目铁木，桦木科，落叶乔木，高可达21米，胸径达1米。天目铁木是中国濒危物种，被列为国家一级保护植物。分布于浙江西天目山，目前仅存5株且损伤严重。因为对环境湿度要求很高，加之自花授粉不孕，难以自然更新，故被冠以"地球独生子"的称号。

　　天目铁木雄花序7月显露，次年4月开放，雌花序随当年生枝伸展而出，4月中叶全展，9月中果熟，11月中落叶。树皮深褐色，纵裂。一年生小枝灰褐色，有毛。叶互生，长椭圆形或椭圆状卵形，长4.5～10厘米，宽2.4～4厘米，叶缘具不规则的锐齿。花单性，雌雄同株。雄花序多为3个簇生，雌花序单生。果序长3.5～5厘米，总梗长1.5～2厘米。小坚果红褐色，平滑，具有不明显的细纵肋。

　　天目铁木生长于海拔170米的山麓林缘或林旁，土壤为红壤，pH4.7～5.3。伴生植物主要有马尾松、青冈、苦槠、黄檀等。天目铁木不仅是我国特有种，而且是该属分布于我国东部的唯一种类。天目铁木对研究植物区系和铁木属系统分类以及保存物种等，均具有一定意义。

　　西天目山已建立自然保护区，对本种的保护较为重视，在生于路旁易破坏的大树周围筑有石墙，严禁人畜践踏，让其天然繁殖，并加强采种、育苗，扩大种植。杭州植物园、浙江林学院已引种栽培。

　　最近，浙江省森林资源监测中心针对天目铁木的生存状况做了一项调查。调查显示，国家一级保护植物天目铁木目前由于结果率低导致天然更新能力不容乐观，面临濒危。为此，根据《浙江省野生植物保护办法》有关规定，当地管理部门准备对其采取培育幼苗和迁地保护的办法。值得关注的是，如天目铁木、百山祖冷杉、普陀鹅耳枥、羊角槭等一批处于濒危的野生植物，均为浙江特有品种。这样的野生植物，我们自然要像对待大熊猫一样，倍加呵护。原母树应严加保护，并注意采收种子，在其他适宜地区大力繁殖。

高大的天目铁木 △

五棵天目铁木位于浙江省临安市西天目山周家坦，其中一棵生长在公路边上，树龄有300多年，但主干梢已断，树身倾斜。让人欣慰的是，天目山国家级自然保护区管理局组织施工队伍，对其周围垒石筑坛进行加固保护。而另外四棵也有百岁了。"这五棵树年龄都比较大了，如果幼苗不及时生长，以后这种珍贵的植物就有面临灭绝的危险"，浙江省森林资源监测中心的工作人员说。

然而，在此次对天目铁木的调查中，工作人员发现了一个不正常的现象：天目铁木种子的发芽率较低，导致自然更新能力弱。工作人员在树下随机抽取了十几个翅果（即天目铁木结的果实)，剥开一看，只有一两个是饱满的，其他都是干瘪的，甚至是空的。造成这种现象的原因主要是"近亲繁殖"。位于农舍旁的四棵天目铁木的亲缘关系比较近，导致出现近交衰退的现象，种子的数量和质量下降，成活率降低。

大树下自然更新的幼苗可能被附近的农民或家禽不经意踩坏，导致其不易生长。目前，这个问题已引起天目山国家级自然保护区的重视。

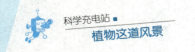
科学充电站 ■
植物这道风景

七　植物之最

　　植物界中，有各类的"高人"，它们是同类中的顶尖植物，这样的植物是值得研究的。因为它们能为我们进一步了解植物提供一些科学依据。

1
长寿树——龙血树

　　龙血树，又叫柬埔寨龙血树、剑叶龙血树，属百合科，为一年四季常绿小乔木，不落叶。叶片剑形，密生枝端。花绿白色，浆果橙黄色。存活时间长，最长可生存约6 000年，故称它为"长寿树"。

　　龙血树的株形极为健美，叶片色彩斑斓，鲜艳美丽。它那带白色的长带状叶片，先端尖锐，像一把锋利的长剑，密密层层地倒插在树枝的顶端。有的品种叶片密生黄色斑点，被人们称为星点木；而有的品种叶片上有黄色的纵向条纹，且能散发出一种淡淡的香味，所以人们称它为香龙血树。龙血树的茎干能分泌出鲜红色的树脂，人们称它为"龙血"，龙血树的美名便由此而得。"龙血"可做着色料，也可供药用。利用枯死树干含树脂的木质部生产的中药血竭，可以治疗筋骨疼痛。古代人还用龙血树的树脂做保藏尸体的原料，因为这种树脂是一种很好的防腐剂。

　　龙血树性喜高温多湿，喜光，不耐寒。如温度过低，会因根系吸水不足，导致叶尖及叶缘出现黄褐色斑块。喜疏松、排水良好、富含腐殖质的土壤。

　　龙血树为现代室内装饰的优良观叶植物，中小型盆花可点缀书房、

122

客厅和卧室，大中型植株可美化、布置厅堂。龙血树对光线的适应性较强，在阴暗的室内可连续观赏2～4周，在明亮的室内可长期摆放。同属中的其他植物及其变种可用于园林观赏。

龙血树材质疏松，树身中空，枝干上都是窟窿，不能做栋梁。而且木材烧火时只冒烟不起火，又不能当柴火，看起来是一无是处，因此有人也叫它"不才树"。

1868年，著名的地理学家洪堡德在非洲的一个岛屿考察时，发现了一棵龙血树，可惜这棵树已被刚发生的大风暴折断。也正因为它被风暴折断了主干，洪堡德才能通过断裂处的年轮知道其准确年龄。这棵树高为18米，主干直径近5米，距地面3米折断处直径也有1米。它的生长十分缓慢，几百年才能长成一棵树，一百年才开一次花，因此十分珍贵。目前龙血树已被列为国家三级保护植物。

龙血树原产非洲西部的加那利群岛，当地人传说，龙血树是在巨龙与大象交战时，血洒大地而生出来的。中国产于云南西南部和广西西南部。全世界有150多种，在中国南方的热带雨林中有5种。

一般说来，单子叶植物长到一定程度之后就不能继续加粗生长了。龙血树虽属于单子叶植物，但它茎中的薄壁细胞却能不断分裂，使茎逐年加粗并木质化，而形成乔木。

龙血树 △

2
最长寿的种子——古莲子

世界上寿命最长的种子是古莲子。

新中国成立初期，在辽宁省新金县附近的泥炭层中，我国科学工作者挖掘出一些莲子。这一带多年以来就没有人种过莲花，而且这些莲子变得很硬，简直像一个个小铁弹。起初，科学家将古莲子长时间浸泡在水中，结果不发芽。但他们将莲子的外壳进行处理后，经过两天，古莲子就抽出嫩绿的幼苗，发芽率高达96％。经细心照料，这些古莲在1955年夏季开出了漂亮的淡红色的莲花。古莲的叶、花朵和其他性状，都和常见的莲花相似，只是花蕾稍长，花色稍深。这些古莲后来还结出了果实。经中国科学院考古研究所的研究人员测定，这些古莲子的寿命约在830～1 250岁之间，是世界上寿命最长的种子。

莲子能活千年之久，一方面的原因是它一直被埋在泥炭层中，地下的温度较低，四季变化不大；另一方面的原因是古莲子的外面有一层硬壳，外表皮有坚硬的由栅栏状细胞构成的结构，细胞壁由纤维素组成，可以完全防止水分和空气的内渗和外泄。在莲子里还有一个小气室，里面大约贮存着0.2立方毫米的空气。别看空气的体积小，但它对维持生命却是很必要的。古莲子含的水分也极少，只有12％。在这种干燥、低湿和密闭的条件下，古莲子过着长期的休眠生活，因而可以历经千年而不失其生命力。

1975年，大连自然博物馆的科学工作者在新金县的泥炭土层中也采集到了古莲子。后由大连市植物园进行培植，于5月初播种，8月中下旬开花。市民争相观看，古莲开花一时传为奇谈。大连自然博物馆还先后把古莲子赠送给中国科学院和日本北九州自然史博物馆。经过这些单位播种、培育，也都能发芽、长叶、开花、结子。

在我国沈阳、北京、河北等地也曾找到许多寿命为1 000~2 000年的古莲子，经过科学家们的精心培植，也都开出了绚丽的花朵。

古莲子长寿的秘密，对我们人类有很重要的科学价值。莲子胚芽内含有特别丰富的氧化型抗坏血酸和谷胱甘肽等物质，这对保持莲子的生命力起到了非常重要的作用。古莲子生命力的保存，给科学家们研究生物的休眠、物种的延续以及物种起源问题都带来有益的启示。同时，在生产实践中可以模拟古莲子外壳的结构来建造粮仓，以保存粮食和其他农作物。

古莲子开花 △

125

3
树中巨人——杏仁桉

　　树木的高矮是由树种的遗传基因决定的，同时也会受到生长环境的影响。世界上的树种虽然繁多，但是高度能超过50米的并不多。在我国的台湾省，台湾杉是那里的森林巨人，最高的有60米。1975年，在云南西双版纳的原始森林里，我国的科学工作者发现了一种极为高大的树，它的树冠超出其他树树冠足足有二三十米。测量表明，这种高大的阔叶树高达六七十米，最高的超过了80米，这样的高度在我国的几千种树木中位居榜首。因为这种树实在是太高大了，人们在仰望它的树冠时，就如同望天一般，所以人们给它取名叫"望天树"。人们一度以为望天树是最高的树，后来发现并不是这样的。

　　望天树虽然高，但还不是世界上最高的树。1902年，一位科学家在加拿大测量了一棵道格拉斯黄杉，它的高度竟约有127米，现在仍然生长在美国红杉树国家公园的一棵红杉树，高度也有112米。道格拉斯黄杉和红杉的高度

杏仁桉植株　△

都超过了100米，不愧是树中的巨人，但是它们还戴不上"世界上最高的树"的桂冠。

在澳大利亚的草原上生长着一种高耸入云的巨树，它们一般都高达百米以上，最高的可以达到150米，这种树叫杏仁桉。如果举办世界树木界高度竞赛的话，那只有杏仁桉才有资格获得冠军。

杏仁桉，又称杏仁香桉，属桃金娘科，生长在大洋洲的半干旱地区。它的树干没有什么枝杈，笔直向上，逐渐变细，到了顶端才生长出枝叶，这种树形有利于避免风害。杏仁桉非常能喝水，活像一台"吸水泵"，如果把它种在沼泽地里，它会很快把水抽干。令人难以想象的是，这位巨人的身材虽然高大，但是它的种子却小得出奇，二十几粒合起来，才不过一颗米粒大小。

常言说"大树底下好乘凉"，可是在高大的杏仁桉树下却几乎没有阴影。因为它的树叶细长弯曲，而且侧面朝上，叶面与日光投射的方向平行，犹如垂挂在树杈上一样，阳光都从树叶的缝隙处照射下来。澳大利亚气候酷热干燥，阳光强烈，在这种自然条件下生活，保存水分是最重要的。杏仁桉的叶片与阳光方向平行，还能减少阳光的直射以及水分的散失，保护植物免于遭受环境的伤害。

杏仁桉 ▷

4

最臭的花——巨魔芋

巨魔芋是天南星科多年生草本植物，地下有扁球形富含淀粉的块茎，与一般栽植的魔芋同属。

巨魔芋生长在印度尼西亚的苏门答腊热带密林里，它是草本植物中花序最大的植物，有"花序之王"之称。它的外形似一支巨大的蜡烛插在烛台上，地下茎有半米长，块茎上会抽出一枝粗壮的地上茎。在靠近地面的地方可以看到一片叶，最初整棵植物就包裹在这片叶子里，再向上是一片包在肉穗花序外面的大型的叶状总苞片，植物学家称它为佛焰苞。花序长出时，生长迅速，一天可增加几十厘米，但花期相当短，一般只有一天就凋谢了。花开时，会散发出烂鱼般的恶臭，吸引苍蝇等昆虫前来。巨魔芋与大花草都是世界著名的臭花。

巨魔芋，又称尸花、尸臭魔芋。2013年7月，美国首都华盛顿植物园的尸花盛开，吸引了大批游客前去观赏。

巨魔芋会先开花后长叶，当花凋谢后，生长在地底的球茎会长出一片叶子，这片叶子很大，可以长到6米高、5米宽，大小近似于一棵小树。叶柄绿色，似树干，在叶柄的顶端会分叉为几个分支，每个分支上着生有许多小叶。当生长季结束，地底的球茎储存到足够的能量后，老叶会枯萎掉落，接着巨魔芋会开出花朵。

巨魔芋花的特点就是它散发出的味道，和一般的花朵不同，它不但没有香味，反而臭得惊人，闻起来很像腐烂尸体发出的气味。其实，它散发出像腐烂尸体的味道，是想吸引苍蝇和以吃腐肉为生的甲虫前来授粉。当植物准备传粉时，茎干开始发热，散发出刺激性气味。刺鼻的气味是从它的花冠释放出的，可飘至八九百米外，花冠成熟时臭气最浓，吸引来的大量苍蝇和甲壳虫则帮助它传播花粉，同时散发出的尸臭味也会急剧增加。当花朵凋落后，这株植物就又一次进入了休眠期。

◁ 盛开的巨魔芋

　　1878年，意大利植物学家贝卡里首先发现这种植物。当时，他寄了一些种子给英国皇家植物园，经培育，巨魔芋在1889年首度开花。这是巨魔芋人工栽培开花的第一次记录，自此以后又有约60次的开花记录。

　　巨魔芋濒临灭绝，现有记载的134株均为人工栽培。人工栽培的巨魔芋贪婪地吸收液体肥料和钾肥，生长速度惊人。

　　上古传说中，巨魔芋花的大小如同一个大水桶，口小肚粗，花瓣卷在一起，通体翠绿，四周各有一大片血红色的叶子。有清香，颜色鲜艳得像要滴出水来。只要看一眼，记住了它妖艳的颜色，在一定距离内，都会因为被它迷惑而产生幻觉，从而自杀或自相残杀。

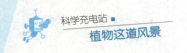

5
花中大王——大花草

世界上最大的花是生长在马来西亚、印度尼西亚的爪哇和苏门答腊热带森林里的一种寄生植物——大花草。它一般寄生在像葡萄一类的白粉藤根茎上，其样子很特别，既没有茎也没有叶，一生只开一朵花。可这一朵花特别大，最大的直径是1.4米，普通的也有1米左右。因此，大花草长的花又叫大王花，可以算得上是世界上最大的花了。

大王花盛开的时候为红褐色，上面有许多斑点，花的中央部分像个大脸盆，外面有5片很厚的大花瓣，含有很多浆汁，花的重量可达六七千克。花心中央有个空洞，里面可以装好几千克的水。

令人奇怪的是，这种举世无双的花朵，刚开放的时候还有一点儿香气，可过不了几天就臭不可闻，与它那雍容华贵的外表实在不相匹配。但是，也正是强烈的腐肉般的恶臭使某些喜欢臭味的虫子闻臭而来，为它传粉，繁衍后代。像大花草这样的植物，可谓是植物学上的"离经叛道者"——一方面从另一种植物中"盗取"营养物，另一方面"哄骗"昆虫为它传粉。

大王花的花期有4天，很短，花期过后，大王花逐渐凋谢，颜色慢慢变黑，最后会变成一摊黏糊糊的黑东西。不过受粉后的雌花，会在以后的7个月渐渐形成一个腐烂的果实。灿烂的花结出了腐烂的果实，这也算是植物界的一个奇观。

别看大王花的花朵大得出奇，但种子却小得可怜，用肉眼几乎难以看清，小种子有黏性，常常会勾挂到大象或其他动物的脚上，传播到各地生根、发芽，进行繁殖，安家落户。

由于没有四季之分，所以大花草不一定会在什么时候冒出来。不过根据当地人的说法，每年的5～10月是它最主要的生长季。当它刚冒出地面时，大约只有乒乓球那么大，经过几个月的缓慢生长，花蕾由乒乓球般的体积变成了甘蓝菜般的大小，接着5片肉质的花瓣缓缓张开，两天两夜后，花儿才能完全绽放。

目前，被确定的大花草品种有16种，皆生长在东南亚一带，马来西亚拥有15个品种。

遗憾的是，由于很少人知道此种植物的繁殖方法，所以只能依赖自然传播，加上此花拥有药用价值（用于妇女分娩），故常被采割。此外，长出大王花的地方一般土地肥沃，所以这些土地经常被用于其他，致使大王花的数量逐渐减少。

其实，在绿色植物里，臭花、臭草也还是不少的。植物学上用"臭"字命名的，不下几十种。有些植物虽没用"臭"字命名，但包含着臭的意思。当我们走到臭梧桐树下，并不觉得有臭味。但要是摘一片叶子，弄碎闻一闻，就有一股臭味。假若你走进鱼腥草的草丛中，立即会闻到腥臭味。如果再用手摸一下它，一小时之内臭气也难以消掉。这两种植物虽臭，但都是很好的药草。臭梧桐可用于治疗高血压，而鱼腥草是治疗肺炎的良药。

大花草 ⊿

6
独木成林——榕树

　　榕树，桑科，常绿大乔木，分布在热带和亚热带地区。榕树以树形奇特，枝叶繁茂，树冠巨大而著称。枝条上生长的气生根，向下伸入土壤可形成新的树干，称之为"支柱根"。榕树很高，可向四面无限伸展。其支柱根和枝干交织在一起，形似稠密的丛林。

　　在中国，榕树主要分布于浙江南部和江西南部以南各地区。花期5~6月，果熟期9~10月。果子很小，约0.8厘米，一粒一粒的，成熟时，会由绿色变成红色，是小鸟最爱吃的食物。

　　常言道，独木不成林。往往是一排排的树才可以成为一道风景，可是自然界唯有榕树能"独木成林"，景象很是壮观。

　　榕树多生长在高温多雨、气候潮湿、水充足的热带雨林地区。在孟加拉国的热带雨林中，生长着一株大榕树，郁郁葱葱，蔚然成林。从它树枝上向下生长的垂挂"气根"，有4 000多条，落地入土后成为"支柱根"。这样，柱根相连，柱枝相托，枝叶扩展，形成遮天蔽日、独木成林的奇观。传说巨大树冠的投影面积曾容纳一支几千人的军队在树下躲避骄阳。

　　在广东省环城乡的天马河边，也有一株古榕树，树冠覆盖面积约15亩，可让数百人在树下乘凉。

榕树 △

　　中国台湾、福建、广东和浙江的南部都有榕树生长，田间、路旁大小榕树都成了一座座天然的凉亭，是农民和过路人休息、乘凉和躲避风雨的好场所。

　　榕树四季常青，姿态优美，具有较高的观赏价值和良好的生态效果。榕树的用途体现在食用、药用、绿化园林等多个方面。

　　榕树是热带植物区系中最大的木本植物之一，有板根、支柱根、绞杀、老茎结果等多种热带雨林的重要特征。

　　榕属植物中，有17种为具有板根的大乔木，有26种具有气生根或支柱根，有8种具有老茎结果的现象，有24种在幼苗阶段是附生植物，其中有21种随着榕树的生长，通过绞杀植物阶段发展成为乔木或大乔木，以致形成独木成林。许多榕树有开展的树冠、浓荫的树荫，一直是传统的庭院植物，如高榕、垂叶榕等。榕属的一些种类已成为重要的园林观赏树种，可培育出叶色、形态各异的园艺品种。

　　榕树是重要的野生食物源。它富含丰富的维生素、矿物质以及帮助人体消化的纤维素和苦味素。此外，它也是重要的民族药用植物，在榕树中有9种植物常被用于治疗多种疾病，药用部位包括根、树皮、叶和树浆等。

　　福建省沙西镇是全国著名的榕树之乡，发展榕树产业有几十年历史，年产值几个亿，产品广销国内外。

　　独木成林景区位于云南省打洛镇，景区内的古榕树有900多年的树龄，近年又长出一条气生根，现共有32条根立于地面，树高70多米，树幅面积约120平方米，枝叶既像一道篱笆，又像一道绿色的屏障，成为热带雨林中的一大奇观。因此，独木成林的奇特景观顺理成章地成为游客必到之地，成

结果的榕树　△

为打洛镇最红火的旅游景点之一。

7
能载人的植物——王莲

　　如果说有一种植物的叶片可以载运一个人，你可能会感到惊讶，那我告诉你，这是千真万确的事实，能载人的这种植物叫王莲。因为它确实大，所以人们又叫它大王莲。

　　王莲是一种睡莲科的多年生水生植物。根状茎，肥大。叶浮于水面，圆形，直径一般为1.8～2.5米，边缘向上折转，下面深红色，有稀毛和刺。夏季开花，花的样子很像茶花，但比茶花大得多。

　　它与常见的荷花同属于睡莲科家族。一般的莲叶直径为60～70厘米，而王莲叶最大的竟有400厘米。王莲叶浮在水面上，好像一只浅浅的大圆盆。常见的莲叶能托住一只青蛙，而王莲叶却能托住一个体重为40千克的孩子。一个小孩坐在叶面上，宛如乘一只圆形的小船，优哉游哉，十分有趣。因为王莲叶的面积很大，加上在叶子上从中央到四周都有放射状的坚韧的粗大叶脉，中间有许多镰刀形的横隔，分成一个个气室，因此，它在水面上的浮力十分惊人。

　　王莲花硕大美丽，比一般的荷花还要大，有六七十片花瓣，呈数圈排列在萼片之内。一般每朵花可开放三天左右，暮开朝合，且花色随时间变化而变化。第一天傍晚，刚露出水面不久的蓓蕾含情脉脉，呈乳白色，逐渐绽放，完全开放的花朵洁白如玉，气味芬芳，往往会招来许多甲虫，它们在隔得很开的雄蕊和柱头之间飞来飞去，传播花粉；次日早晨花朵就闭合了，等到傍晚时又再怒放，花瓣则由白色转变成淡红色；等到第三天花朵开放时，花瓣更进一步加深颜色，由淡红色转变成深红色，最后紫红色的花凋谢，并沉入水中结籽，繁衍后代。

　　王莲的果实呈圆球状，里面有二三百粒种子，每粒像玉米粒般大小，而且它结的籽含有大量的淀粉，所以当地人给它起了一个"水中玉米"的称号。

　　王莲原产于南美洲亚马孙河流域，中国有栽培，自生于河湾、湖畔水域。现已引种到世界各地的大植物园和公园。我国从20世纪50年代开始相继从国外引种，在中国科学院植物研究所三种王莲会在夏天相继开放。

　　在中国海南的南部，王莲可安全越冬，在云南西双版纳和广东雷州半岛等热带地区的一般年份，均需采取简易的防寒措施。

　　王莲属大型观赏植物，株丛大，叶片更新快，光合作用能力强。观叶期150天，观花期90天，若将王莲与荷花、睡莲等水生植物搭配布置，将形成一个完美、独特的水体景观，让人难以忘怀。如今王莲已是现代园林水景中必不可少的观赏植物，也是城市花卉展览中必备的珍贵种类，既具有很高的观赏价值，又能净化水体。

王莲　△

8
最长的植物——白藤

在非洲的热带森林里，既生长着参天巨树和奇花异草，也生长着绊人摔跤的"鬼索"，这就是在大树周围缠绕的白藤。它和庭院中经常种植的棕榈都是棕榈科家族的成员。它生长在热带雨林中，中国海南岛也有它的"芳影"。

白藤生于山坡灌木丛中或河边阴湿地，是攀援状落叶藤本植物。小枝密生短茸毛。叶互生，单数羽状复叶，长约30厘米。小叶11～13片，卵圆形，长5～8厘米，宽2～3厘米，先端渐尖，基部圆形至近心形，幼时两面密生丝状茸毛，老时近无毛。总状花序腋生，长5～9厘米，花淡紫色或绿色，长约2.5厘米，花冠蝶形，绿色；雄蕊成二组。荚果线形，长约10厘米，有黄色茸毛，长10～11厘米。

白藤的茎特别长，而且很纤细，可以说它是植物王国里的"瘦长个子"。茎的直径不过4～5厘米，有长的节间，一般长达300米，最长的可达500米。白藤以树作为支柱，使长茎向下延伸，沿着树干盘旋缠绕，形成许多怪圈，所以人们给它取了个绰号叫"鬼索"。

白藤的顶部长着一束羽毛状的叶，叶面长尖刺，裂片每侧7～11枚，上部4～6枚聚生，两侧的单生或2～3枚成束。茎的上部直到茎梢又长又结实，并长满又大又尖往下弯的硬刺。它像一根带刺的长鞭，随风摇摆，一碰上大树，就紧紧地攀住树干不放，并很快长出一束又一束的新叶。接着它就顺着树干继续往上爬，而下部的叶子则逐渐脱落。

没完全开花的白藤　△

白藤爬上大树顶后，还是一个劲地长，可是已经没有什么可以攀缘的了，于是它那越来越长的茎就往下延伸，将大树当作支柱，在大树周围缠绕成无数怪圈。

作为棕榈科植物的白藤，它的全株还可以用作药材。全年采收，洗净，鲜用或切段晒干。对跌打损伤、闭经、感冒风寒、类风湿关节炎、外伤出血等有很好的疗效。

用海南红藤、白藤编制的各种工艺品，坚韧、光滑、美观大方、结实耐用。主要品种有提篮、藤椅、花盆架等。红藤和白藤是制作高档家私的优质棕榈藤，大力发展红藤和白藤的人工种植，有着巨大的商业前景。

海南岛是白藤的主产区，但由于热带森林面积锐减，野生资源因过度开发而枯竭，优良藤种濒危，导致原藤产量和品质下降，岛内原藤仅能满足小型藤器加工厂的原料需求。

白藤　△

9
寿命最长的植物——百岁兰

　　百岁兰，百岁兰科，又称通波亚。多年生植物，寿命达百年以上，所以叫百岁兰，又称为"活化石"，是植物界中当之无愧的老寿星。

　　百岁兰是生长于沙漠地区的一种植物，以其能适应极端气候和防沙固土的特点而闻名。它的一生中，除子叶外，仅有两片叶子，带状，基部不断生长，梢部不断破坏。我们知道，叶子都有一定的寿命，从幼叶生长到叶的衰老、枯萎、脱落，这段时间叫叶的寿命。叶的寿命各不相同，有的只有十多天到几个月。而百岁兰是植物界中唯一在生长过程中永不落叶的植物，它的两片叶一生相伴，自始至终地相依相守。

　　百岁兰的植物体雌雄异株，雌株有大的雌球果，雄株有雄花，每一朵雄花有6枚雄蕊。花粉的传递靠风，不过还有一种很小的昆虫也能起到一定的作用。一般的雌株可以结60～100个雌球果，种子的数量可以达到10 000粒。种子有纸状翼，散播靠强风。大部分种子不会发芽，假设有50%的种子有活性，这其中还会有80%被真菌感染，所以估计不到万分之一的种子会发芽并且长大成株。此外，太潮湿也会使种子不发芽并散发出恶臭。

　　百岁兰是极其珍贵的孑遗植物，只有在西南非洲的狭长地带才能找到，分布范围极其狭窄，被列为世界八大珍稀植物之一。

　　1860年，奥地利植物学家在安哥拉南部纳米比沙漠中发现百岁兰。这种植物十分奇妙、怪异，能够忍耐极为恶劣的环境。该地区年降雨量小于25毫米，加上百岁兰生长于近海岸的多雾区域，降雨量也只能相当于50毫米。另外，有学者认为雾气是百岁兰生长过程中所需水分的主要来源。大量的海雾会形成重重的雾水落下来，源源不断地为百岁兰提供水源。同时，百岁兰的根又直又深，这种特征便于它从地下吸收水分，因此它不怕干旱，一年到头都保持着生机勃勃的活跃状态。

其实，百岁兰叶子基部有一条生长带，位于那里的细胞有分生能力，能不断产生新的叶片组织，使叶片不停地长大。叶子前端最老，它或因气候干燥而枯死，或因风沙扑打而断裂，或因衰老而死去，总之在不断地消失。由于它最基部的生长带没有被破坏，损失的部分很快由新生部分替补，使人们误以为它的叶子既不会衰老，也不会损伤。百岁兰的叶子里有许多特殊的吸水组织，能够吸取空气中的少量水分。这就是百岁兰仅有的两片叶子始终不凋落的秘密所在。

百岁兰由于其寿命长，植株矮，叶片大，成为很好的天然观赏植物。

百岁兰 △

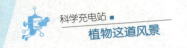

10

创三个世界纪录的植物——无根萍

　　无根萍，从字面上就可以看出它是没有根的。无根萍，又称卵萍、芜萍、微萍、水蚤萍、仁丹藻，俗称大球藻。在分类上属于浮萍科，无根萍属。

　　无根萍为种子植物中体形最小的一种，外观像鱼卵。每平方米的水面可容纳300万个个体。无根无叶，叶状体近球形，长约1毫米。浮生在静水池沼的水面。花小，雌雄同株，生于叶状体表面。不常开花。果实球形。一般用芽繁殖。

　　无根萍共创下了三个世界纪录：全世界最小的开花植物、全世界花最小的植物、全世界果实最小的植物。

　　由于个子娇小，无根萍在野外总是很难吸引人们的目光，再加上生态环境受到严重的污染，想要找到无根萍更是难上加难了！从全世界范围来看，现存的浮萍科植物可分成5个属，共约38种。

　　浮萍进化自天南星科的祖先，一种也漂浮在水上的植物——大萍，俗称水芙蓉。但是研究从"大萍属"进化到"紫萍属"的过渡性物种的过程中一直缺乏证据。直到1996年在加拿大发现了一种原始浮萍的花粉和完整植株的化石标本，这一环节的发现才更加强了这个论点，由于原属于天南星科的大萍在生态习性、形态及进化上更接近浮萍科，所以研究人员建议将大萍属改隶浮萍科。

　　总而言之，浮萍进化的方向就是朝"缩小"、"退化"、"快速生长繁殖"来进行的，而无根萍可以说就位于这条进化路线的末端。

　　无根萍是浮萍的一种，它的外形同一般浮萍很相似，上面平坦，下面隆起。无根萍的构造很简单，整个植物体已经没有根、茎、叶的区别，外观呈椭圆球形，内部充满小气室，主要由可进行光合作用的薄壁细胞所组成。因为植物体太小，连其他浮萍还保有的残存的维管束组织也都完全退化掉了。

无根萍会开花吗？当然，像无根萍这么微小的植物还是照样能开花结果的。有趣的是，这种微小的植物的花当然更小，只有针尖般大。其实无根萍开花是一件非常少见的奇景，简直比"铁树开花"还难得一见，一直没有记录，可能是因为太小不易被发现吧！

无根萍和其他浮萍一样是生活在水面的植物，主要靠水流来散播族群。每一个无根萍个体都有很强的独立繁殖能力，只要有一小群勉强存活下来，或漂流到其他环境条件适宜的地方，就会很快繁殖出相当数量的新个体。

简单地说，无根萍因为构造简单，所以容易大量繁殖；因为数量众多，所以容易到处传播，分散死亡的风险。不过无根萍主要的竞争对手是其他同样生活在水域的水生植物，尤其是漂浮在水面的水生植物。无根萍善于利用剩余空间而在夹缝中求生存，这是它的一大优点。

以前，一些农户常会捞取浮萍给鸭、鹅等家禽吃，当作既免费又有营养的饲料，而且浮萍也可以当作野外求生食用的植物和蛇药。另外，因为生长快速又好种，也被视为很好的生物实验材料。

在美国，无根萍被称作"水饭"，也有人用比较卫生的无菌栽培法繁殖无根萍，当作生菜沙拉或用来夹汉堡吃。

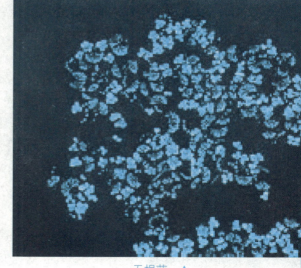

无根萍　△

八　环保植物

　　植物和人类的关系是息息相关的，它们与人类互相制约并互相利用。有许多植物是保护人类的天然屏障。

1

珊瑚树

　　珊瑚树，也称法国冬青，属忍冬科。常绿灌木或小乔木。枝灰色或灰褐色，有凸起的小瘤状皮孔，无毛或有时稍被褐色簇状毛。叶对生，革质而厚，两面无毛或脉上散生簇状微毛。叶倒卵状矩圆形至矩圆形，很少倒卵形，长7～20厘米，基部宽楔形，边缘常有较规则的波状浅钝锯齿。花期4～5月（有时不定期开花），果熟期7～9月。结卵圆形或卵状椭圆形核果，橙红或深红色，远远望去，像珊瑚串珠，因此得名。

　　珊瑚树产于福建东南部、湖南南部、广东、海南和广西。生于山谷密林中溪涧旁遮阴处、疏林中向阳地或平地灌丛中，海拔200～1300米也常有栽培。印度东部、缅甸北部、泰国和越南也有分布。

　　珊瑚树是一种很理想的园林绿化树种，因对煤烟和有毒气体具有较强的抗性和吸收能力，尤其适合于城市作绿篱或园景丛植。根和叶可入药，广东民间以鲜叶捣烂外敷治跌打肿痛和骨折；亦作兽药，治牛、猪感冒发热和跌打损伤。

　　珊瑚树在长江流域及以南地区的栽培历史悠久，喜温暖湿润气候。在潮湿肥沃的中性土壤中生长旺盛，也能适应酸性和微酸性土壤，喜光亦耐阴。根系发达，萌芽力强。法国冬青一年四季枝繁叶茂，遮蔽效果

八 ·
环保植物

好，又耐修剪，因此是制作绿篱的上好材料。在规则式园林中常整形修剪为绿墙、绿门或绿廊。沿园界墙中遍植法国冬青，以其自然生态体形代替装饰砖、石、土等构筑起来的呆滞背景，可产生"园墙隐约于萝间"之效。不但在观赏效果上显得自然活泼，而且扩大了园林的空间感。

道路绿化包括市区道路绿化、城郊公路绿化、高架路绿化等。在许多城市均可见到以法国冬青为主景或配合其他乔灌木形成景观的绿化带。法国冬青之所以被广泛应用于道路绿化，是与其本身具有强大的抗污染性分不开的。法国冬青既抗烟雾，又抗粉尘，还可降低噪音，以它作为道路绿化树种可有效地改善道路周围的生态环境和人们的居住环境，这也是法国冬青在城市绿化中越来越受到重视的原因之一。

法国冬青还是厂区绿化的理想绿化树种，它对二氧化硫、氟化氢、氯气、臭氧、一氧化碳、二氧化氮等多种有害气体均有较强的吸收作用。此外，法国冬青对烟尘、粉尘的吸附作用也很明显。据测定，每公顷法国冬青每年的滞尘量为4.16吨，远大于大叶黄杨、夹竹桃等常绿植物。

法国冬青作为一种防风能力很强的树种，已和其他树种一起成为防护林带的主力军。防护林带既可防风固沙，减少强风对城市的侵袭，改善城市的环境条件，又可降低大气中二氧化碳的含量，吸收有害气体，减弱温室效应。

浙江省宁波市北仑区是全国最大的珊瑚树种植基地，种植面积万余亩，其中北仑海景园林专业合作社就种植一千多亩，带动邻村农民种植四千多亩，是全国最集中的珊瑚树种植基地。

法国冬青植株　△

143

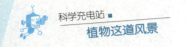

2 榆

榆，又称白榆，榆科。落叶乔木，高可达25米。小枝细，灰色或灰白色。叶互生，长2～8厘米，椭圆状卵形，基部歪斜，两面均无毛，侧脉9～16对，叶柄长2～10毫米，具单锯齿或不规则复锯齿。树冠呈圆球形。四月初，榆树会冒出褐色的芽，随之逐渐变深、变绿。花先叶开放，多数成簇状聚伞花序，生于去年枝的叶腋。翅果不久成熟，它的外形像中国古代的铜钱，故将榆树果子俗称为榆钱。

榆广泛分布于森林草原、干草原以至荒漠带，在居民区周围也有零星散生。垂直分布一般在海拔1 000米以下，在新疆天山可达海拔1 500米，在陕西秦岭可达海拔2 400米。生态幅度广泛，从温带、暖温带一直到亚热带都可栽植。喜光，深根性，根系发达，具有强大的主根和侧根，有利于适应各种气候带的不同生态环境的条件。产于中国长江流域以至东北、内蒙古、新疆等平原地区。

榆钱 △

榆树如果生长于贫瘠环境，则呈灌木状。它的抗旱性强，在干旱地区能正常生长，但必须是在水分条件较好的低地。喜土壤湿润、肥沃，但对土壤要求不严格。耐盐碱性较强。不耐水淹，地下水位过高或排水不良的洼地，常引起主根腐烂。此外，对烟和氟化氢等有毒气体的抗性也较强。

榆树的利用价值很高。树皮纤维可代麻制绳、麻袋或作人造棉和造纸原料。种子可榨油。木材纹理直、结构稍粗，供建筑、家具、车辆、农具等用材。果实、树皮和叶能入药，可安神，治神经衰弱、失眠。叶、嫩枝及果在青鲜状态或晒干后为家畜所喜食，但牛、马采食较差。内蒙古牧民常将其叶放入酸乳中，饲喂幼畜，为高营养价值的饲料。树皮淀粉、嫩叶和果实人可食，也可做猪的饲料。嫩枝叶含有较

榆树 △

丰富的蛋白质和无氮浸出物，纤维含量较低，灰分中含钙较多，磷较少，且变化较大。组氨酸和甲硫氨酸含量较高，为良等饲料。

榆是一种常见的树种，其生长速度快，寿命长，一般20～30年成材。由于条件不同，生长量也有明显的差别。同样18年生植株，在土壤肥沃、水分状况良好的条件下比生长在土壤较瘠薄的材积量要高出近1倍。

榆树树干通直，树形高大，绿荫较浓，适应性强，生长快，是城乡绿化的重要树种。它具有过滤尘埃、净化空气等功能。榆树既为平原地区重要的造林树种和绿化树种，又为行道树。在林业上，榆还是营造防风林，水土保持和盐碱地造林的主要树种之一。在生产实践中，可采用植苗和直播两种方法造林。

3

黄杨

黄杨，又称瓜子黄杨、千年矮，黄杨科。常绿小乔木或灌木，高1～6米。枝四棱形，灰白色，被短柔毛或相对两侧无毛。叶革质，对生，宽椭圆形或宽倒卵形。树干灰白光洁，枝条密生。耐阴喜光，在一般室内外条件下均可保持生长良好。如长期生活在遮阴环境中，叶片虽可保持翠绿，但易导致枝条徒长或变弱。

黄杨产于我国中部各省区，海拔1 300米以下山地有野生，长江流域及其以南各地多有栽培。适生于肥沃、疏松、湿润之地，酸性土、中性土或微碱性土均能适应。

黄杨春季嫩叶初发，满树嫩绿，十分悦目。古人用"飓尺黄杨树，婆要枝千重，叶深圃翡翠，据古踞虬龙"描绘黄杨的风姿。黄杨盆景树姿优美，叶小如豆瓣，质厚而有光泽，四季常青，可终年观赏，是家庭培养盆景的优良材料。

北海道黄杨树冠呈美丽的绿色，入秋后，它整树结满成熟的果实，露出红色的假种皮，成串红色的果实镶嵌在绿叶丛中，即使在干冷的严冬，整个树冠仍呈美丽的绿色，绿叶红果，观赏价值极高。北海道黄杨树姿挺拔、四季常青，耐修剪整形，是中国北方小城镇及城市建设中园林绿化的优良品种。由于具有一定耐阴能力，可用于营造道路混交林。

黄杨木在古典家具中有着很微妙也很特殊的位置。我们看到的黄杨木作品多为工艺品摆件，基本上没有家具成品，在古典家具的使用中多用来点缀。事实上很多人都有这样的疑问：怎么见不到黄杨木的大件家具呢？那么，黄杨又是什么样的木材呢？

其实，在我国黄杨木的生长范围较广，我国东南沿海、西南、台湾都有广泛的分布，其枝叶繁茂，不花不实，四季常青。在热带、温带均为较常见的常绿植物。黄杨木雕作为立体雕刻的工艺品单独出现，供人们欣赏的时间也不短了，目前有实物可查考的最早的是元代的遗物，比如现存北京故宫的圆雕人物"李铁拐"，距今已经有六百多年的历史了。

因为生长缓慢，黄杨的木质极其细腻，肉眼看不到棕眼（毛孔）。但仍因黄杨生长缓慢，难有大料，多用来与高档红木搭配镶嵌或加工成极其精细的雕刻作品，未见有大件作品。也正因为如此，黄杨雕刻作品常被初识者误以为是象牙制作。可以说，黄杨木做成大件家具极难，如果出现，定是珍品。

黄杨木的香气很轻、很淡，雅致而不俗艳，是那种完全可以用清香来形容的味道，并且可以驱蚊。另外，黄杨木还有杀菌和消炎止血的功效，在黄杨木生长地的山民，就有采黄杨叶用作止血药和放置黄杨树枝来驱蚊蝇的习惯。

为了增加黄杨的适应性和观赏性，已由园艺工作者将其嫁接到北方土生土长的丝棉木上，并获得了成功。利用农村较多野生的丝棉木作为砧木嫁接北海道黄杨、冬红北海道黄杨、彩叶北海道黄杨等彩叶树种，形成了别具一格的景致。在不断加大苗木繁殖的基础上，相关工作者使黄杨及其同类品种走出城市、集镇、园林、街道、公园、庭院，在道路、河岸、田间、地头经常闪现其身影，用以建设多姿多彩的生活环境。

黄杨　△

4 环保卫士——夹竹桃

夹竹桃，夹竹桃科。常绿直立大灌木，高可达5米。枝条灰绿色，含水液；嫩枝条具棱，被微毛，老时毛脱落。叶柄内具腺体。聚伞花序顶生，着花数朵，花萼直立，花冠漏斗形；花期几乎全年，夏秋为最盛；果期一般在冬春季，栽培很少结果。用插条、压条繁殖，极易成活。茎皮纤维为优良混纺原料；种子含油量约为58.5%，可榨油供制润滑油。叶、树皮、根、花、种子均含有多种配糖体，毒性极强，人、畜误食能致死。叶、茎皮可提制强心剂，但有毒，用时需慎重。

全国各省区有栽培，尤以南方为多，常在公园、风景区、道路旁或河旁、湖旁周围栽培；长江以北栽培者须在温室越冬。野生于伊朗、印度、尼泊尔；现广植于世界热带地区。

夹竹桃喜欢充足的光照，喜温暖和湿润的气候条件。常见栽培变种有：白花夹竹桃，花白色、单瓣；重瓣夹竹桃，花红色、重瓣；淡黄夹竹桃，花淡黄色、单瓣。

夹竹桃 △

夹竹桃原名应为"甲子桃"，传说每六十年结一次果，因甲子桃的果实极为少见，有的地方误称"夹竹桃"，但也有地方保留了甲子桃的称呼。因为它的叶片像竹，花朵如桃，故而得名。夹竹桃有特殊香气，是有名的观赏品种。

中国引种夹竹桃始于15世纪，这种植物不耐寒，忌水渍，耐一定程度的空气干燥。对土壤要求不严，适生于排水良好、肥沃的中性土壤，在微酸性、微碱性土壤中生长也可。

盛开的夹竹桃花 △

夹竹桃是最毒的植物之一，它分泌出的乳白色汁液含有一种叫夹竹桃苷的有毒物质，误食会中毒。其毒性极高，曾有小量致命的报道。在夹竹桃的各个部分都可以找到这些毒素，而在树液中浓度最高，涂抹在皮肤上可以造成麻痹。科学家相信夹竹桃内仍有很多未知的有害物质。夹竹桃的毒性在枯干后依然存在，焚烧夹竹桃所产生的烟雾亦有高度的毒性。

夹竹桃有抗烟雾、抗灰尘、抗毒物和净化空气、保护环境的能力。虽然夹竹桃的叶片对人体有毒，但对二氧化硫、氟化氢、氯气等有害气体有较强的抵抗作用。据测定，盆栽的夹竹桃在距污染源40米处仅受到轻度损害，距污染源170米处则基本无害。夹竹桃即使整个植株表面都落满了灰尘，它都能旺盛生长，故被人们称为"环保卫士"。

夹竹桃的根及树皮含有强心甙和酰类结晶物质及少量精油，有强心利尿、定喘镇痛的功效，适用于治疗心力衰竭、喘息咳嗽、癫痫、跌打损伤等。

5
女贞

　　女贞，也称女桢、女贞实、将军树等，属唇形目木樨科。常绿灌木或乔木，高可达25米。树皮灰色，平滑。叶对生，革质，卵状披针形，平滑无毛。初夏开花，花白色，排成顶生圆锥花序，有芳香气味。核果椭圆形，成熟时为蓝黑色。果实具有在整个冬季都不会从树枝上掉下来的特性。花期一般为6～7月。种子1～4枚。枝黄褐色、灰色或紫红色，圆柱形，疏生圆形或长圆形皮孔。

　　女贞为亚热带树种，原产于欧洲、亚洲、澳大利亚和地中海地区。主要分布于中国华南和长江流域各地。

　　该树种四季婆娑，枝干扶疏，枝叶茂密，可孤植或丛植，既是常见的庭院或绿篱树种，又可作为观赏树种。它的树形整齐，树冠圆整优美，耐修剪，树叶清秀，终年常绿。一般经过3～4年即可成形，达到隔离效果。还可作为砧木，嫁接繁殖桂花、丁香、色叶植物金叶女贞。其播种繁殖育苗容易，可用多种方式繁殖，如播种、扦插、压条。

◁ 女贞

　　女贞的适应性强。具体表现为耐寒性好，耐水湿，喜温暖湿润气候，喜光耐阴。这种植物为深根性树种，须根发达，生长快，萌芽力强，但不耐瘠薄。女贞对大气污染的抗性较强，对二氧化硫、氯气、氟化氢及铅蒸汽均有较强抗性。此外，女贞的叶面积大，能忍受较高的粉尘、烟尘污染，可净化空气，改善大气质量。女贞对土壤的要求不严，以砂质土壤或黏质土壤栽培为宜，在红、黄土壤中也能生长，能耐 - 10 ℃左右低温。

　　女贞亦有药用价值，采收成熟果实晒干或置热水中烫过后晒干可入药，称"女贞子"，性平，味甘苦，可明目、乌发、补肝肾，主治肝肾不足、眩晕耳鸣、腰膝酸软、须发早白、目暗不明等症。

开花的女贞　△

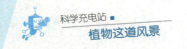

6

泡桐

泡桐，玄参科，落叶乔木。树皮灰色、灰褐色或灰黑色，幼时平滑，老时纵裂。花大，淡紫色或白色，顶生圆锥花序，由多数聚伞花序复合而成。种子多数为长圆形，小而轻，两侧具有条纹的翅。在某些地区，泡桐花又被称为喇叭花。

泡桐原产我国，分布很广，大致分布于北纬20°～40°、东经98°～125°之间，在海拔1 200米以下的土壤肥沃、深厚、湿润但不积水的阳坡山地、丘陵、岗地、平原栽植，均能生长良好。泡桐为喜光树种，不耐荫蔽，耐干旱能力较强，在年降水量为400～500毫米的地方仍能正常生长，但不宜在强风袭击的风口和山脊处栽植。

春季先叶开花，花大，呈不明显的唇形，略有香味。当泡桐花开满枝头时，远远望去就像白色的海洋中有一群美丽的少女穿着紫色的裙子在那里翩翩起舞，十分有动感和受人喜欢。花落后长出大叶，叶密而大，树姿优美，树荫非常隔光，是良好的绿化和行道树种。但泡桐不太耐寒，一般分布在海河流域南部和黄河流域以南，是黄河故道上防风固沙的最好树种。另外，泡桐抗污染性较强，有较强的净化空气和抗大气污染的能力，可作为城市绿化树种和工矿区的隔离带树种。

泡桐植物体的幼体生长极快，是速生树种。以兰考泡桐生长最快，楸叶泡桐次之，毛泡桐生长较慢。不同种类的植物体生长过程有所不同，如兰考泡桐的高生长有明显的阶段性，能由不定芽或潜伏芽形成强壮的徒长枝自然接干，栽植后经过2～8年，自然接干向上生长。在整个生长过程中，一般能自然接干3～4次，个别能自然接干5次。十几年树龄的泡桐要比同龄杨树直径大一倍，但生长时间长了，树干会出现中空。

桐材的纤维素含量高、材色较浅，是造纸工业的好原料。由于生长迅速，所以木材材质疏松、轻软，容易加工，但也耐酸耐腐，防湿隔热，特别适合制作航空、舰船模型，胶合板，救生器械等。又因其结构均匀、声学性好，也适合制作乐器。叶、花、果和树皮可入药。此外，它还是重要的出口木。

泡桐的花语是"永恒的守候，期待你的爱"。在日本，有这样的传统：如果生了女孩，会在屋前种上一株泡桐树，等到女儿出嫁时，用这棵泡桐的木材为女儿制作全套嫁妆家具。

河南省民权县王桥乡曾获全国"泡桐之乡"的美誉，是我国带叶栽泡桐的发源地，先后有美国、加拿大、日本、匈牙利等27个国家和地区的专家学者参观考察，该乡桐木资源丰富，优质桐木积材上千万方，是制作各种家具与工艺品的优质材料，同时也是出口创汇的宝贵资源。

泡桐 ▽

7

日新之德——木槿

木槿,又称朝开暮落花、佛叠花、鸡腿蕾,锦葵科。落叶灌木。叶卵形,三裂或不裂,有三大脉。夏秋开花,花单生叶腋,花艳丽,花冠紫红色或白色,有重瓣品种。树皮和花可入药,树皮称"木槿皮",有杀虫疗癣的功能,外用治疗疥疮、顽癣;花称"木槿花",主治痢疾。产于中国和印度,作为观赏植物广泛栽种。

木槿的适应性强,南北各地都有栽培。喜阳光也能耐半阴。耐寒,在华北和西北大部分地区都能露地越冬。对土壤要求不严,较耐瘠薄,能在碱性土壤中生长。忌干旱,生长期需适时适量浇水,保持土壤湿润。

木槿开花时满树花朵,花朝发暮落,日日不绝,人称有"日新之德"。花期很长,且有很多花色、花形的变种,是优良的园林观花树种。常作围篱及基础种植材料,宜丛植于草坪、路边或林缘,也可作绿篱或与其他花木搭配栽植。其枝条柔软、耐修剪,可造型制作桩景或盆栽。同时,它还具有较强的抗性,是优良的厂矿绿化树种。

木槿分布广泛,适用于公共场所花篱、绿篱及庭院布置。在湖南、湖北一带,盛行槿篱。用木槿作绿篱,别具风格。苏州农村中也常以槿篱作为围墙,年年编织,既坚固,又

木槿植株 △

美观。在北方，将木槿种植于公路两旁，不仅美观，还可起到防尘的作用。环保工作者测试出，木槿是抗性很强的树种之一，它不仅对二氧化硫、氯气等有害气体具有很强的抗性，而且有滞尘的功能，是保护环境的先锋。

盛开的木槿花　△

　　木槿花采收期长，一年中从开始开花到开花结束的几个月间每天都有鲜花开放，花朵采摘宜在每天清晨进行，采收刚开的花时应轻采轻放，并采用适当的包装尽快上市，以确保花朵新鲜。

　　木槿花受到历代诗人的赞扬。三千年前的《诗经》中就将木槿花比作美女来歌咏。唐代诗人李白的《咏槿》有"园花笑芳年，池草艳春色。犹不如槿花，婵娟玉阶侧"。

　　江苏省宿迁市沭阳县是当今木槿小苗的生产基地，每年数以百万计的一年生与多年生木槿从此处销往全国各地。木槿花的花语是"坚韧、质朴、永恒、美丽"。

8

广玉兰

广玉兰，属木兰科木兰属植物。常绿乔木。叶卵状长椭圆形，厚革质，上面光亮，下面被暗黄色毛。夏季开花，花大如荷，因此又称"荷花玉兰"，白色，直径20～30厘米，通常6瓣，有芳香气味，花期5～7月。9～10月果熟，果实圆柱形。原产北美洲，所以又有人称它为"洋玉兰"；中国长江流域以南各地均有栽培，供观赏。

"韵友自知人意好，隔帘轻解白霓裳。"这是清朝沈周的《咏玉兰》里描述广玉兰的诗句，现在更是被世人冠以"芬芳的陆地莲花"的美誉，可见它早就为人所喜爱。

广玉兰的叶片富有光泽，好像涂了一层蜡，再配上有着铁锈色短柔毛的叶背和那微呈波状的边缘，使人觉得另有一番情趣。密集油亮的绿叶终年不败，始终透着生气，透着活泼。有了它的衬托，广玉兰花便显得格外皎洁和清丽。

广玉兰的生长喜温暖湿润的气候，宜生长于肥沃、排水良好的酸性土壤。另一变种叫狭叶广玉兰，叶较狭长，背面毛较少，耐寒性稍强。喜阳光，但幼树颇能耐阴，不耐强阳光，否则易引起树干灼伤。抗烟尘，对二氧化硫、氯气、氟化氢等有毒气体有较强抗性，可用于净化空气、保护环境。病虫害少，生长速度中等，三年以后生长逐渐加快，每年可生长0.5米以上。通常广玉兰可长到30米，但普通玉兰却只能长到16～23米。

广玉兰树姿雄伟壮丽，树冠呈圆锥形，花大清香，四季常青，是优良的

广玉兰树 ▽

行道树种，可以在夏日为行人提供必要的庇荫，同时还能很好地美化街景。栽种时应尽量选择较大一些的苗木，干径3～6厘米，高度2.8米左右较为适宜。过小，易遭破坏；过大，则移栽成活率低。道路绿化时，广玉兰与色叶树种配植，能产生显著的颜色对比，从而使街景的色彩更显鲜艳和丰富。如在绿化带应用中，将广玉兰与红叶李间植，并配以桂花、海桐球等，不仅在空间上有层次感，而且颜色上又有很大的变化，打破了序列空间的单调，产生一种和谐的韵律感，能取得很好的效果。广玉兰在庭园、公园、游乐园、墓地均可采用。大树可孤植草坪中，或列植于通道两旁；中小型者，可群植于花台上。

秋冬时节，许多树的叶子凋落了，广玉兰却披着一身绿叶，与松柏为伍，装点着自然。

广玉兰的花含芳香油，可制成鲜花浸膏。其花蕾制剂，对麻醉或不麻醉动物均有缓慢的降压作用。此外，叶入药后，也有缓慢的降压作用。广玉兰的降压机理，可能表现在外周对心血管的抑制作用或对神经传导的阻断作用。

广玉兰的花语和象征意义是生生不息、世代相传。另一说有美丽、高洁、芬芳、纯洁之意。广玉兰是常州市的市树，象征蓬勃向上的精神。

广玉兰花 ▷

9
栾

　　栾，无患子科，落叶乔木，高可达20米。奇数羽状复叶，互生，小叶卵形或长卵形，有缺齿、缺裂或深裂为不完全的二回羽叶，背面沿脉有短柔毛。树冠近圆球形。树皮灰褐色，细纵裂。小枝稍有棱，无顶芽。皮孔明显。夏季开花，顶生大型圆锥花序，花小，金黄色。蒴果囊状中空，三角状卵形，红褐色或橘红色。花期6～7月，果期9～10月。

　　蒴果外面有三片果皮包裹，每片果皮呈三角形，整个果实像小灯笼一样，一串串的灯笼果挂满树冠，灯笼果未成熟时为淡黄绿色，远远望去黄果满树，成熟时褐色，冬季落叶后，灯笼果还在树上悬挂着。

　　栾树春季发芽较晚，嫩叶多为红叶，夏季黄花满树，秋季叶色变黄，落叶早，因此每年的生长期较短，生长缓慢，树形扭曲美观，不太成材，木材只能用于制造一些小器具。种子可以榨制工业用油。

　　栾树生长于石灰石风化产生的钙基土壤中，在中国只分布在黄河流域和长江流域下游，在海河流域以北很少见，也不能生长在硅基酸性的红土地区。它的适应性强、季相明显，春季观叶、夏季观花、秋冬观果，所以已大量将它作为庭荫树、行道树及园景树，同时也作为居民区、工厂区及村旁绿化树种，产地有江苏、湖南、南京、山东、河南等。此外，栾树也是工业污染区配植的好树种。

　　栾树为中国温带、亚热带树种，多分布于海拔1 500米以下的低山及平原，最高可达海拔2 600米。它是一种喜光，稍耐阴的植物。生长速度中等，幼树生长较慢，以后渐快。具深根性，

栾树开花　▽

萌蘖的能力强，耐干旱、瘠薄，能耐短期积水。抗风能力较强，可抗低温，对粉尘、二氧化硫和臭氧均有较强的抗性。病虫害少，栽培管理容易。

在中国，栾树有四个品种，它们分别是北方栾树（华北分布居多）、黄山栾树、复羽叶栾树、秋花栾树。其中，黄山栾树适合在长江流域或偏南地区种植。又因其速生性、抗烟尘及三季观景的特点，正迅速发展成为长江流域的风景林树种；复羽叶栾树分布于中国中南、西南部，落叶乔木，花黄色，二回羽状复叶，蒴果大，秋果呈红色，观赏效果佳；秋花栾树又称九月栾，是栾树的一个栽培变种，落叶大乔木，是地地道道的北京乡土树种。其枝叶繁茂，晚秋叶黄，是北京理想的观赏庭荫树及行道树，也可作为水土保持及荒山造林树种。

栾树 ▽

10
紫荆

　　紫荆，又叫满条红、苏芳花、紫株、乌桑、箩筐树，属豆科植物，因其木似黄荆而色紫，故名。原产我国，分布较广。落叶灌木。叶互生，近圆形，两面无毛。早春先叶开花，花红紫色，簇生。花期4～5月。荚果长而扁，有宽约1.5毫米的翅。种子2～8颗，扁圆形，近黑色。

　　该树种的树干挺直丛生，春季盛开时，花形似蝶，花朵繁多，成团簇状，紧贴枝干，不仅枝条上能开花，而且老干上也能开花，给人以繁花似锦的感觉，因而又有"满条红"的美称，是春季重要的观赏灌木；夏秋季节则绿叶婆娑，满目苍翠；冬季落叶后则枝干筋骨毕露，苍劲虬曲之感跃然眼前，是观花、叶、干俱佳的园林花木。适合栽种于庭院、公园、广场、草坪、街头游园、道路绿化带等处，也可盆栽观赏或制作盆景。

　　紫荆喜欢光照，有一定的耐寒性。喜肥沃、排水良好的土壤，不耐淹。萌蘖性强，耐修剪。野生的多为落叶乔木，高可达15米，今在陕西太行山下和湖北神农架林区还可以看到紫荆乔木的风姿。栽培于庭院中的紫荆，则多为丛生落叶灌木。

　　在繁殖方面，将当年生处于生长期的嫩枝作为插穗，并插于沙土中即可成活，但这种方法不常用。在生产实践中一般需要嫁接，嫁接后3周左右应检查接穗是否成活，若不成活应及时进行补接。嫁接成活的植株要及时去除砧木上萌发的枝芽，以免与接穗争夺养分，影响其正常生长。紫荆树苗移栽一般在落叶后或萌芽前进行，根系发达的可直接栽植，根系不多的可先假植，第二年定植。大苗需带土球，由于根系发达，不易截断，移栽时可用利刀割断，以免撕裂根皮。移栽时地上部分可适当修剪整形，丛栽植株每年萌发前应更新部分老枝，因其是在两年生以上的老枝上开花，故不可疏剪老枝。三年生以上植株越冬可不再壅土防寒，但应充分冬灌，以防根系损伤。生长期施肥2～3次。该树种移栽成活率高，价格低廉，绿化效果好，所以深受各地的欢迎。

　　紫荆的花、树皮和果实均可入药，但多以树皮入药，性平、味苦，有活血、消肿、解毒的功效。此外，紫荆的木材纹理结构细，可供家具、建筑等用。

　　花除紫色外，还有一种观赏价值极高的白花紫荆。它是紫荆的变种，香港区旗、区徽上的紫荆花就是白色的。白花紫荆十分罕见，因而十分名贵。在中国古代，紫荆花常被人们用来比拟亲情，象征兄弟和睦、家业兴旺。

紫荆花　▽

九　景观植物

　　自然界中的许多植物是一道风景，它们立于天地之间，成为各种用途的植物，默默地贡献着自己的力量。

1
南洋杉

　　南洋杉，南洋杉科。常绿乔木，胸径可达1米，高可达70米。树皮灰褐色或暗灰色，有横裂。叶有两种类型，侧枝、幼枝上的叶呈针形，老枝上的叶为卵形或三角状钻形。雌雄异株，雄球花单生枝顶，圆柱形。球果卵形或椭圆形。种子椭圆形，两侧有翅。南洋杉的幼树冠尖呈塔形，枝轮生开展，大枝平展或斜伸，小枝密生，下垂，近羽状排列，枝的中下部有不整齐的疏生气孔线。

　　南洋杉原产于大洋洲东南沿海地区，中国引种，在广州、厦门、西双版纳、海南可露地栽培，也常盆栽供观赏，为世界五大公园树种之一（包括雪松、日本金松、北美红杉、金钱松）。它的名称繁多，按属地又可称为英杉、澳杉、诺和克杉等；按叶的形态又可称为异叶南洋杉、小叶南洋杉等；按整体形态又可称为塔式南洋杉、海南南洋杉等。

　　我国引进有肯氏南洋杉和诺和克杉等品种。肯氏南洋杉主干直立，整树呈塔形，枝轮生且水平伸出，轮距均匀、层次分明，无刺。肯氏南洋杉为观叶植物上品，多为盆栽，而诺和克杉为园林观赏佳品，地栽高度可达30米。

　　南洋杉适合生长于气候温暖、空气清新湿润、光照柔和充足的环境中，且不耐寒、忌干旱。冬季栽培应保证充足阳光，夏季则应避免强光暴晒。在气温为25～30℃，相对湿度为70%以上的环境条件下生长最佳。盆栽要求疏松肥沃、腐殖质含量较高、排水透气性强的培养土。

　　南洋杉树形高大，枝叶茂盛，姿态优美，最宜作为园景树或纪念树，亦可作行道树，可孤植、列植或配植在树丛内，也可作雕塑或风景建筑的背景树。但以选无强风地点为宜，以免树冠偏斜。此外，南洋杉又是珍贵的室内盆栽装饰树种，用于一般家庭的客厅、走廊、书房的点缀装饰，显得十分高雅，还可作为馈赠亲朋好友开业、乔迁之喜的礼物。

　　南洋杉材质优良，是澳洲及南非重要用材树种，可供建筑、器具、家具等用。

南洋杉 ◭

2
金松

金松，又称日本金松，金松科。常绿乔木，在原产地高可达40米，胸径3米。枝短、平展；枝近轮生，水平展开，树冠在任何时期均为尖圆塔形。叶有两种，一种形小，膜质，散生于嫩枝上，呈鳞片状，称为鳞状叶；另一种聚簇枝梢，上面亮绿色，下面有两条白色气孔线，上下两面均有沟槽，称为完全叶，生于鳞叶腋部的退化短枝顶上，辐射开展，在枝端呈伞形，15～40片轮生。雌雄同株，雄花头状，约30个在枝端簇集，呈圆锥花序，雄蕊多数，螺旋状着生；雌花椭圆状，单生枝端，珠鳞螺旋状排列，苞鳞半合生于珠鳞背面，珠鳞发育成种鳞且多枚，各有6～9粒种子。球果长椭圆状卵形。种子有狭翅。

金松为世界五大公园树种之一，原产日本，于1935年西渡重洋，乔迁定居在我国江西植物园海拔1 100米的山地上。近年来，中国青岛、庐山、南京、上海、杭州、武汉等地都有栽培。我国引入栽培作庭园树，木材供建筑。金松树冠无论处于哪个时期均为整齐的尖圆塔形，适宜门庭种植，或作中心树孤植花坛之中。在庭园中以三到五棵群植一处，十分美观。它既是世界闻名的观赏树，又是著名的防火树，日本常于防火道旁列植金松。

金松对气候条件并不苛求。它是一种喜光树种，有一定的耐寒能力，在庐山、青岛及华北等地均可露地过冬。喜生于肥沃深厚土壤中，不适于过湿及石灰质土壤。在土壤板结、养分不足处生长极差，叶容易变黄。它虽喜欢生长在温暖、阴湿的环境中，但对异常气候也表现出较强的适应能力。1976年春季，我国长江流域因强冷空气侵袭，某些地区气温下降至−15 ℃，马尾松、黄山松、杉木、香柏等不少乡地树种都遭受严重冻害，但日本金松冻害极轻。又如1978年夏秋季，长江流域发生百年未见的大旱高温天气，有些乡土树种凋萎，而金松仍能正常生长。现在日本金松这位异国贵客，正为我国的园林绿化事业增添异彩。

日本金松　⚠

　　金松之所以能跻身于世界三大观赏树种之列，主要原因有三个：一是姿美。远看树冠像一把大雨伞映入眼帘，近看这把大雨伞里密集着许多倒置的小伞。二是色艳。线形叶绿色的底面中央嵌一条黄沟条纹，两边镶着白色的气孔带条纹，加上红褐色和褐色的鳞叶，更加显得绚丽夺目。三是稀有。由于生长缓慢，种子来源困难，所以数量很少。物以稀为贵，特别是有两个栽培品种更为罕见，被视为珍品。日本金松的两个栽培品种，一种是垂枝金松，小枝下垂；另一种是彩叶金松，叶有金黄色彩。

3

雪松

雪松，松科，常绿大乔木。树冠呈尖塔形，大枝不规则轮生，平展，小枝下垂。叶在长枝上散生，在短枝上簇生，呈针形，质硬，有三棱角，尖锐，灰绿色或银灰色。雌雄异株，10～11月开花。球果椭圆形，与杉树最为接近。鳞片多枚，各有两种子。种子有翅。冬芽小，有少数芽鳞，枝条基部有宿存的芽鳞，叶脱落后有隆起的叶枕。分布于阿富汗至印度，中国亦有分布。模式标本产于中国西藏的喜马拉雅山。

一些古董所使用的雪松品种——黎巴嫩雪松，是大西洋雪松的近亲，因为使用过度，现在已经非常稀少了。雪松属的四个物种很难区别，而且能发生种间杂交，因此一些专家认为四个物种均可能是黎巴嫩雪松的地理变种。其中三种原产于地中海地区的山地，另一种原产于喜马拉雅地区的西部。

雪松适于生长在气候温和凉润、土层深厚且排水良好的酸性土壤环境中。喜阳光充足，也稍耐阴。在中国，雪松在长江中下游一带生长最好。

雪松端庄、雄伟、苍翠挺拔，主干下部的大枝自近地面处平展，常年不枯，能形成繁茂雄伟的树冠，是世界著名的观赏树种，宜在公园及各类绿地的主轴线上栽培，在草坪

短叶雪松　△

中、建筑中心、广场中心孤植、丛植或群植可组合成多变的林冠线。如栽植在建筑两侧或入口处可营造庄重、壮观的气氛。此外，它具有较强

的防尘、减噪音与杀菌能力，也适宜作为工矿企业绿化树种。

雪松木材轻软，具树脂，不易受潮。它在原产地是一种重要的建筑用材，曾被用来建造寺庙等大型建筑物，但多用以制作小件物品，像盒子、铅笔等，这是因为雪松的木材在某些条件下会变形。古埃及人在制作木乃伊时，拿雪松的木材做棺木及船桅。另外，它还有极高的使用价值，且历史久远，可以追溯到圣经时

雪松 △

代。因常被用为寺庙中的焚香，因而使人对它存有神秘的印象。当时古埃及人将雪松油添加在化妆品中用来美容，也当作驱虫剂使用。美国的原住民也将雪松当作药物及净化仪式使用的圣品。在生活中，将雪松与甜杏仁等基底油混合，或是加入洗澡水中稀释，不仅有助于舒缓气喘、支气管炎、呼吸道问题，还可缓解关节疼痛、肌肤出油等症状。用香薰炉或是喷雾器将精油散布在空气中也能达到治疗效果。经蒸馏提炼的芳香油还可治疗头皮屑和皮疹。

雪松是黎巴嫩的国树，意指精神的力量。此外，雪松也是南京、青岛、三门峡、晋城、蚌埠、淮安等城市的市树。

4
北半球森林之母——松

松为松科植物的总称。绝大多数为常绿或落叶高大乔木，高一般为20～50米，最高可达75米。少数为灌木，如偃松和地盘松。松树为轮状分枝，节间长，小枝比较细弱，平直或略向下弯曲，针叶细长成束。因此，其树冠看起来蓬松不紧凑，"松"字正是其树冠特征的形象描述。所以"松"就是树冠蓬松的一类树。松树坚固，常年不死。

处于幼体时期的松树树冠呈金字塔形，树枝多呈轮状着生。幼苗出土、子叶展开以后，首先着生的为初生叶，单生，螺旋状排列，线状披针形，叶缘具齿。

松科是裸子植物门中最大的一科，有10属、230余种，多数分布于北半球。其中松属90多种，是松科也是整个裸子植物门中最大的属。中国有10属93种24变种，各地均产。松是北半球最重要的森林树种，除苏门答腊松分布在南纬2°外，其余各种都自然生长在由赤道到北纬72°的山川原野上。尤其在温带地区，松属植物不仅种类多，而且往往形成浩瀚的林海，因此松被誉为"北半球森林之母"。

松对陆生环境的适应性极强，可以耐受–60℃的低温或50℃的高温，能在裸露的矿质土壤、砂土、火山灰、钙质土、石灰岩土及由灰化土到红壤的各类土壤中生长，耐干旱、贫瘠，喜阳光，因此是著名的先锋树种。

松最明显的特征是叶成针状，常2针、3针或5针一束。如油松、马尾松、黄山松的叶2针一束，白皮松的叶3针一束，红松、华山松、五针松的叶5针一束。

松属植物中的多数种类是高大挺拔的乔木，而且材质好，不乏栋梁之材。红松（中国东北的"木材之王"）、西黄松（北美西部广为分布的高大树种，高达75米）、辐射松（原产于美国加州沿海，生长速度最快的松）、湿地松（原产于美国东南部）、加勒比松（原产于美洲加勒比海地区）、欧洲赤松（广布于欧亚大陆西部和北部）等都是著名的用材树种。

红松 △

松的观赏价值也是有目共睹的。在中国，从皇家古典园林到现代居民家中都能见到松，例如北京北海、颐和园中的油松、白皮松，树桩盆景中广泛使用的五针松等，一些名山胜地，更是山以松壮势、松以山出名。黄山的迎客松、华山的华山松、长白山的美人松……无一不令游人赞叹。

中国是世界上裸子植物种类最丰富的国家之一，仅从松科来看，就能充分表现出华夏大地是名副其实的"裸子植物故乡"。在中国广袤的山林原野中，不仅生长着落叶松、云杉、冷杉，而且在一些深山密林中还隐藏着许多极为珍贵稀有的松科树种。在国家公布的第一批重点保护的珍稀濒危植物中，松科植物就有39种，约占总数的1/10。其中银杉被列为一级重点保护植物，百山祖冷杉、金钱松等17种被列为二级重点保护植物，黄枝油杉、樟子松等21种被列为三级重点保护植物。

松除经济用途外，由于其树姿雄伟、苍劲，树体高大，还具有重要的观赏价值。它是中国很多风景区的重要景观成分。如辽宁千山、山东泰山、江西庐山都以松树景色而驰名。尤其是安徽的黄山，松、云、石号称"三绝"，而以松为首。

松是我们民族心目中的吉祥树，是常青不老的象征。有的像虬龙，故称虬松，其枝干多变，直处坦率，弯曲内含，变化非凡，似蛟龙入海；有的巨臂遮天，挺拔刚毅，有拔地钻云腾飞之势。松是山水画中应用最多的树木之一，无论是旷野还是山巅，都生长有松。生长在肥沃平地的松高大茂盛；生长在山石空隙的，常常蜿蜒曲折，盘地如苍龙。

5

樟树

　　樟树，又称香樟、木樟、乌樟，樟科。常绿乔木。叶互生，卵形，上面光亮，下面稍灰白色，离基三出脉，脉腋有腺体。初夏开花，花小，黄绿色，圆锥花序。樟树的小花非常独特，外围不易分辨出花萼或花瓣的花有6片，中心部位有9枚雄蕊，每3枚排成1轮。核果小球形，紫黑色，基部有杯状果托。树皮幼时绿色，平滑；老时渐变为黄褐色或灰褐色，纵裂。

　　樟树为亚热带常绿阔叶林的代表树种，广布于中国长江以南各地，以台湾为最多。它的常绿不是不落叶，而是春天新叶长成后，老叶才开始脱落，所以一年四季都呈现绿意盎然的景象。喜光，稍耐阴，喜温暖湿润气候，耐寒性不强。对土壤要求不严，较耐水湿，但移植时要注意保持土壤湿度，水涝容易导致烂根缺氧而死，不耐干旱、瘠薄和盐碱土。

　　樟树的生长速度中等，树形巨大如伞，能遮阴避凉，枝叶茂密，树姿雄伟。存活期长，可以生长为成百上千年的参天古木。因其有很强的吸烟滞尘、涵养水源、固土防沙和美化环境的能力，故为优秀的园林绿化林木，广泛用作庭荫树、行道树、防护林及风景林树种，配植在池畔、水边、山坡等，可在草地中丛植、群植、孤植或作为背景树。此外，它还能吸收多种有毒气体。

　　樟树的用途广泛，经济价值很高，深受各地的青睐。植物全株均有樟脑香气，可提制樟脑（为樟树根、干、枝、叶经蒸馏加工制成的颗粒状结晶）和提取樟油，故在民间多称其为香樟。油中含有樟脑、桉叶素、黄樟素、芳樟醇、松油醇、柠檬醛等多种重要成分。樟木是一种很好的建筑和家具用材，木材坚硬美观，宜制家具、箱子，不变形，耐虫蛀。民间多用樟木雕刻佛像。樟叶养蚕，蚕丝不仅是制网的材料，还可用于制作外科手术的缝合线。

樟树在长期的自然选择下产生了许多变异，以心材色泽分，有红心樟、白心樟、青心樟、鹅黄樟等，其材质有明显的差别。以新叶色泽分，有红色与绿色之别，其抗虫力有所不同。从樟脑、樟油含量的不同来看，有本樟、芳樟、脑樟之分，其经济价值差异很大。在优树选择中，主干长、抗病虫害能力强、木材品质好等条件是重要的经济指标。

在某些地区，樟树甚至和神鬼联系在一起，故在民间一般不砍伐生长已久的樟树。

樟树在2006年被推选为宜宾市的市树，是宜宾地区的主要林木。

樟树　△

6
水树——金钱松

金钱松，又名水树，松科。落叶大乔木，树干通直，高可达40米，胸径1.5米。树皮深褐色，深裂处成鳞状块片。枝条轮生而平展，小枝有长短之分。叶片条形，扁平柔软，在长枝上呈螺旋状散生，在短枝上15～30枚簇生，向四周辐射平展，秋后变金黄色，圆如铜钱，因此而得名。球果卵形，直立，成熟时种鳞会自动脱落，种子顶端有翅，能随风传播。

金钱松为中国特有种，因此特别珍贵。最早的化石发现于西伯利亚东部与西部的晚白垩世地层中，古新世至上新世在斯匹次卑尔根群岛、欧洲、亚洲中部、美国西部、中国东北部及日本亦有发现。由于气候的变迁，尤其是更新世的大冰期的来临，使各地的金钱松灭绝。只在我国长江中下游少数地区幸存下来，繁衍至今。因分布零星，个体稀少，结实有明显的间歇性而亟待保护。由于其特殊的分类地位，金钱松成为植物系统发育方面的重要研究对象，这一宝贵的植物遗产被定为国家二级保护植物。

金钱松分布于我国长江流域一带山地，喜肥沃、排水良好的酸性土壤，最喜光。植株为深根性，无萌发能力。幼龄阶段稍耐庇荫，生长比较缓慢；10年以后，需光性增强，生长逐渐加快。芽于3月中下旬萌动，4月初开始展叶，4月中旬进入展叶盛期，8月下旬至9月上旬叶开始变色，10月中下旬为落叶盛期，一般3～5年丰产一次。

由于金钱松树干挺拔，树冠宽大，树姿端庄、秀丽，入秋后形似铜钱的叶变为金黄

金钱松　△

色，极具观赏性，为世界各国植物园广为引种，与南洋杉、雪松、金松和北美红杉合称为世界五大公园树种。宜植于池旁、溪畔或与其他树木混植成丛，别有情趣。

金钱松的种子可榨油。木材黄褐色，纹理通直，耐潮湿，可供建筑、桥梁、船舶、家具等用材。根皮可入药，名为"土槿皮"。树根可作为纸胶的原料。树皮药用，有抗菌消炎、止血等功效，但树皮有毒（尚无人中毒的报道，动物试验中表现为消化系统中毒）。

金钱松有较强的抗火性，在落叶期间如遇火灾，即使枝条烧枯，主干受伤，次年春天主干仍能萌发新梢，恢复生机。

金钱松的叶 △

7 有宗教色彩的植物——菩提树

菩提树，又称思维树，桑科榕属植物。常绿乔木，树干笔直。树皮黄白色或灰色，平滑或微具纵棱，凹凸不平。有气生根，下垂如须。叶互生，三角状卵形，先端尾状长尖，边缘微呈波状。11月开花，花生于叶腋。

其实它是一种普通的树，但因为有了宗教的色彩，就变得神秘起来。一般情况下，我们也会因为菩提树而想到宗教。

菩提树叶 △

菩提树原产印度，与佛教渊源颇深。梵语原名为"阿摩洛珈"，意为"觉悟"，相传佛教的创始人释迦牟尼曾坐此树下顿悟佛道，故印度称它为"圣树"。在印度、斯里兰卡、缅甸各地的丛林寺庙中，普遍栽植菩提树，被虔诚的佛教徒视为圣树，万分敬仰。印度定之为国树。

菩提树喜光，不耐阴，抗污染能力强。对土壤要求不严，但以肥沃、疏松的微酸性砂壤土为好。因佛教一直都视菩提树为圣树，所以被带到各地种植，但由于各地的地理气候和生长环境不同，在其他地区种植的菩提树经过千百年的生长变异，与原产印度的野生菩提树有很大的区别，有的能开花不结果，有的不开花能结果，而大多数不能开花结果，这些都是印度野生菩提树的变种。只有印度恒河流域热带原始丛林中的菩提树能开花结果。

中国云南南部、广东、福建南部和海南有栽培，多栽于庙宇内。华南地区用作行道树。国外分布于印度、日本、马来西亚、泰国、越南、不丹、锡金、尼泊尔、巴基斯坦等。

　　菩提树的实际用途十分广泛。叶片心形，前端细长似尾，在植物学上被称作"滴水叶尖"，非常漂亮，如将其长期浸于寒泉，洗去叶肉，则可得到清晰透明、薄如轻纱的网状叶脉，名为"菩提纱"，制成书签，可防虫蛀。树干富乳浆，可提取硬性橡胶。花可入药，有发汗解热的功效。果实酸脆而微涩，回味甘甜。最为奇特的是果实8～9月成熟，却能在树上挂果保鲜到次年2～3月。

　　菩提树是西双版纳傣族自治州首府景洪市的市树。

菩提树　△

8

空气维生素——柏树

　　柏树，柏科植物的通称，属裸子植物门。常绿乔木或灌木，高可达20米。树皮红褐色，纵裂。小枝扁平，叶鳞片状。雌雄同株，球花单生枝顶。种子周围具窄翅或无翅。我国有8属，29种。

　　柏树分枝稠密，小枝细弱众多，枝叶浓密，树冠完全被枝叶包围，从一侧看不到另一侧，像一个墨绿色的大圆锥体。而我国古代崇尚贝壳，曾以贝壳为货币。所以柏树的名称源自"贝"，"柏"与"贝"读音相近，"柏树"就是"贝树"，表示树冠像贝壳的一类树。

　　在中国分布极广，北起内蒙古、吉林，南至广东及广西北部；人工栽培范围遍布全国，是优良的园林绿化树种。较耐寒，抗风力较差。耐干旱，喜湿润，但不耐水淹。耐贫瘠，可在微酸性至微碱性土壤上生长。生长缓慢，寿命极长。

　　柏树历来与斗寒傲雪、坚毅挺拔的品质相联系，乃百木之长，为正气、高尚、长寿、不朽的象征。希腊神话记载：有一名叫赛帕里西亚斯的少年，爱好骑马和狩猎，一次狩猎时误将神鹿射死，悲痛欲绝。于是爱神厄洛斯建议总神将赛帕里西亚斯变成柏树，不让他死，让他终身陪伴神鹿，柏树的名字即从少年的名字演变而来，柏树于是也就成了长寿不朽的象征，这个故事也是柏树这个名字的由来之一。

　　在国外，柏树是情感的载体，常出现在墓地，用以表达

路旁的柏树 △

后人对前人的敬仰和怀念。在古罗马，棺木通常用柏木制成；希腊人习惯将柏枝放入死者的灵柩中，希望死者到另一个世界能得以安宁幸福。

中国人在死者的墓地种植柏树是为了寄托一种让死者"长眠不朽"的愿望。相传古代有一种恶兽，名叫魍魉，性喜盗食尸体和肝脏，每到夜间，就出来挖掘坟墓取食尸体。此兽灵活，行迹神速，令人防不胜防，但其性畏虎怕柏，所以古人为避这种恶兽，常在墓地立石虎、植柏树。

我国传统中医学认为，柏树发出的芳香气体具有清热解毒、燥湿杀虫的作用，可祛病抗邪，培养人体正气。据测试，其主要成分为菘萜和柠檬萜。这些天然物质不仅能杀灭细菌、病毒，净化空气，而且具有松弛神经、稳定情绪的作用。所以，柏树素有"空气维生素"之誉。

柏树全身是宝，树脂、树油、果实、枝节、树叶均能入药使用。而以侧柏的种子柏子仁和侧柏叶在临床上应用最为广泛。木材软硬适中，结构细密，有香气，坚韧耐用，多用于建筑、家具、细木工等。多数种类在造林、固沙及水土保持方面占有重要地位。

在我国的园林、寺庙、名胜古迹处，常常可以看到古柏参天。陕西省黄陵县轩辕黄帝陵有世界上最大的古柏林，传说为轩辕帝手植的柏树号称"世界柏树之父"，已有四五千年的历史。此外，孔子崇尚松柏，他的老家曲阜孔陵、孔林和孔庙院内，至今古柏林立。

柏树 △

9
楠

楠，又称桢楠、楠木，樟科。常绿乔木，高可达30米，胸径1米。小枝有黄褐色或灰褐色毛，有条棱；2年生枝黑褐色，没有毛。叶互生，广披针形或倒卵形，革质，下面有毛。花期5～6月，花小，圆锥花序。果期11～12月，核果小，卵形。产于中国四川、重庆、云南、贵州、湖南等地。另有滇楠、紫楠、山楠等均称楠木。

楠木是江南四大名木之一，为我国所特有。楠木以其材质优良，用途广泛而著称于世，是楠木属中经济价值最高的一种。它的木材色泽淡雅匀称，具有芳香气息，硬度适中，伸缩变形小，便于加工。此外，楠木的树形端丽，叶密荫深，是著名的庭园观赏和城市绿化树种。

楠木 △

楠木在四川有天然分布，曾是组成常绿阔叶林的主要树种。由于历代砍伐利用，致使这一丰富的森林资源近于枯竭。目前所存的多为人工栽培的半自然林和风景保护林，在庙宇、村舍、公园、庭院等处尚有少量的大树，但病虫危害较严重，也相继在衰亡。对目前残存的楠木，应制订有效的保护措施，严禁砍伐，并积极进行抚育管理，保护好现有资源。同时，应大力开展育苗造林，扩大栽培范围，特别是在植物园、公园应大量栽培，可有效地保护这一物种。

楠木分布于阴湿山谷、山洼及河旁，基本位于亚热带常绿阔叶林区西部，该地区的年平均温度为17℃左右，1月平均温度为7℃左右，年降水量为1 400～1 600毫米，土壤为紫色砂页岩与石灰岩风化而成的黄壤。

　　紫楠因木纹理有金丝，别名金丝楠，产于浙江、安徽、江西及江苏南部，是楠木中最好的一种，更为难得的是，有的楠木材料有天然的山水人物花纹。

　　中医理论素有"肾为先天之本，脾为后天之本，气血生化之源"之说，认为芳香之物能醒脾化湿、开窍醒脑、升清化浊。久居楠木装修的居室雅斋中，楠木发出的自然香气恰恰可以调养生息、祛湿醒脾。

楠树树枝 △

10 檀香

　　檀香，又称白檀、旃檀，檀香科。常绿小乔木。树皮呈褐色，粗糙，有纵裂。叶对生，长卵形，叶柄很短。花小，初为黄色，后变为血红色。核果球形，成熟时变成黑色。种子圆形、光滑，有光泽。原产印度、澳大利亚、非洲等地，中国南方亦有栽培。

檀香 △

　　檀木是一种半寄生植物，在幼苗期还必须寄生在凤凰树、红豆树、相思树等植物上才能成活。通常要数十年才能成材，是生长最慢的树种之一，成熟的檀香树可高达10米。因檀香的产量很受限制，人们对它的需求又很大，所以从古至今，它一直都是既珍稀又昂贵的木材。

　　檀香是一味重要的中药材，刨片入药，历来为医家所重视，谓之"辛，温；归脾、胃、心、肺经；行心温中，开胃止痛"。外敷可以消炎去肿，滋润肌肤；熏烧可杀菌消毒，驱瘟辟疫。

　　檀香木材很香，可以用来制作器物，如扇骨、箱匣、家具、念珠等。此外，它也是一种珍贵的雕刻材料，雕刻出来的工艺品可谓珍贵无比。从檀香木中提取的檀香油在医药上也有广泛的用途，具有清凉、收敛、强心、滋补、润滑皮肤等多重功效，可用来治疗胆汁病、膀胱炎、淋病以及腹痛、发热、呕吐等病症，对龟裂、富贵手、黑斑、蚊虫咬伤等症特别有效。古时，它就是治疗皮肤病的重要药品。

檀香是一种利用价值很高的植物，所以自古以来便深受大家的欢迎，从印度到埃及、希腊、罗马的贸易路线上，可以常见蓬车载满檀香。许多古代的庙宇或家具，都是由檀香木所做，可能是因为檀香具有防蚁的功能。

檀香的焚香需求量不少于檀香木，檀

檀香苗 △

香独特的香味具有安抚作用，对于冥想很有帮助，因而广泛被用在宗教仪式中，特别是印度和中国，对檀香的需求量至今丝毫不曾减少。 还有，檀香也是香水中常用的原料。

据玄奘《大唐西域记》记载，因为蟒蛇喜欢盘踞在檀香树上，所以人们常以此来寻找檀木。采檀的人看到蟒蛇之后，就从远处开弓，朝蟒蛇所踞的大树射箭以做标记，等到蟒蛇离开之后再去采伐。

在中国，早在明清时期天然檀香树就已经被砍伐殆尽，国内的檀香原木基本都依赖进口。因檀香木生长条件苛刻，产量极低，加之严格的保护措施和高额关税限制出口，所以平时市面上的檀香木已是难得一见。